水利水电施工企业
安全生产标准化创建指南

闫先斌　崔立功　侯云峰　吴玉杰　编著

U0286513

黄河水利出版社
·郑州·

图书在版编目(CIP)数据

水利水电施工企业安全生产标准化创建指南/闫先斌等编著.
郑州:黄河水利出版社,2015.12
ISBN 978 - 7 - 5509 - 1302 - 8

Ⅰ.①水…　Ⅱ.①闫…　Ⅲ.①水利工程 - 工程施工 - 安全
生产 - 指南　Ⅳ.①TV51 - 62

中国版本图书馆 CIP 数据核字(2015)第 299311 号

组稿编辑:崔潇菡　电话:0371 - 66023343　E - mail:cuixiaohan815@163.com

出　版　社:黄河水利出版社
　　　地址:河南省郑州市顺河路黄委会综合楼14层　邮政编码:450003
发行单位:黄河水利出版社
　　　发行部电话:0371 - 66026940、66020550、66028024、66022620(传真)
　　　E-mail:hhslcbs@126.com
承印单位:河南新华印刷集团有限公司
开本:890 mm × 1 240 mm　1/32
印张:5.875
字数:148 千字　　　　　　　印数:1—1 000
版次:2015 年 12 月第 1 版　印次:2015 年 12 月第 1 次印刷
定价:25.00 元

前　言

　　按国务院的统一部署,各单位的安全生产要逐步达到标准化,按行业推进。水利部2013年制定了水利行业安全生产标准化评审标准和评审办法,在水利行业积极推进安全生产标准化,2014年开始进行水利一级安全生产标准化评审工作。评审标准中的各条款实质上是国家和水利行业对安全生产各种法律、法规的具体条款要求,没有提出统一的标准格式,各单位在按评审标准进行标准化创建的过程中,由于理解不同、着重点不同,出现了各种不符合评审标准要求或法律、法规要求的现象。本书的目的在于根据水利部对标准化评审的要求,结合各省级水利单位在安全生产标准化创建过程中好的做法和存在的问题,提出工作的方向、工作的重点,指出在标准化创建工作中容易疏漏的地方,在编制制度、完善记录、规范现场方面提出建议,方便水利施工企业尽快地掌握标准化的具体做法。

　　本书第1章到第5章,由吴玉杰编写,第6章、第7章由侯云峰编写,第8章到第13章由崔立功编写,操作规程部分由闫先斌编写。全书由崔立功统稿。

　　由于水平有限,书中难免有疏漏之处,请大家多多赐教。

崔立功

2015 年 10 月

目　录

第 1 章　安全生产目标

1.1　目标制定

1.1.1　建立安全生产目标管理制度,明确目标与指标的制定、分解、实施、考核等环节内容。

标准化工作应有的制度和记录:

(1)制度要有正式文件发布;

(2)内容:应明确目标与指标的制定、分解、实施、考核等环节的内容和相应的责任部门。

1.1.2　施工企业应根据项目安全生产总体目标和年度目标,制定所承担项目的安全生产目标和年度目标。

1.1.2.1　安全生产目标的主要内容应包括以下几点:

(1)生产安全事故控制目标;

(2)安全生产投入目标;

(3)安全生产教育培训目标;

(4)安全生产隐患排查治理目标;

(5)重大危险源监控目标;

(6)应急管理目标;

(7)文明施工管理目标;

(8)人员、机械、设备、交通、消防、环境等方面的安全管理控制目标等。

1.1.2.2　安全生产目标应尽可能量化,便于考核。目标制定应考虑以下因素:

(1)国家的有关法律法规、规章制度和规程规范的规定;

(2)水利行业安全生产监督管理部门的要求;

(3)水利行业的技术水平和项目特点;

(4)采用的工艺和设施设备状况等。

1.2　目标落实

1.2.1　制订安全生产目标管理计划。其内容包括安全生产目标值、保证措施、完成时间、责任人等。安全生产目标应逐级分解到各管理层、职能部门及相关人员。保证措施应力求量化,便于实施与考核。

1.2.2　安全生产目标管理计划,应经监理单位审核,项目法人同意,并由项目法人与施工企业签订目标责任书。

1.3　目标监控与考核

1.3.1　企业负责制定本单位各部门的安全生产目标考核办法。

企业主管部门和分解部门应按照制度规定,组织所属基层单位和部门根据企业特点,结合专项安全检查和例行检查,对安全生产工作年度和月度目标计划执行情况进行检查,对保证措施的效果进行评估,从而实现对安全生产目标落实情况的跟踪检查和监督。这样的监督、检查须覆盖每个基层单位和部门,并做好记录。

工程建设中或企业经营过程中发生重大问题,致使目标管理难以按计划实施的,可根据实际情况,调整目标管理计划。

1.3.1.1　企业每季度应对本单位安全生产目标的完成情况

进行自查。施工项目的自查报告应报监理单位、项目法人备案。

1.3.1.2　企业每季度应对内部各部门和管理人员安全生产目标完成情况进行考核。

1.3.2　企业年终应根据考核结果,按照考核办法进行奖惩。

1.3.2.1　对安全生产目标的执行情况进行监督、检查,及时纠偏、调整安全生产目标实施计划。

1.3.2.2　检查、考核要有相应的资料或发布文件,考核结果应公布。

第 2 章 组织机构与职责

2.1 安全机构及人员配置

2.1.1 成立以主要负责人为领导,由领导班子成员及部门负责人参加的安全生产委员会或安全生产领导小组。

2.1.1.1 安全生产委员会应由本单位的主要负责人牵头,由分管安全生产的负责人、安全生产管理部门及相关部门负责人、安全生产管理人员、工会代表以及从业人员代表组成。当机构或人员变动时,应及时调整。

2.1.1.2 建设工程项目组建安全生产领导小组。建设工程实行施工总承包的,安全生产领导小组由总承包企业、专业承包企业和劳务分包企业项目经理、技术负责人和专职安全生产管理人员组成。

2.1.1.3 成立安全生产委员会或安全生产领导小组的文件要由企业或项目部红头文件发布。组成人员要注意保证工会代表和从业人员代表参加。

2.1.2 按规定设置安全生产管理机构。

机构编制应坚持精简高效、分工明确、运行便捷、适应现场实际需要和满足业主要求的原则。

以项目部为例,项目部一般采用直接管到施工作业层的一级管理模式。组织机构框架见图 2.1-1。

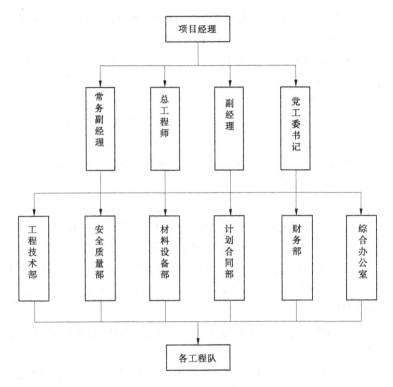

图 2.1-1 组织机构框架图

项目部设置项目经理、党工委书记或副书记、副经理、总工程师等。副职领导职位数设配根据实际需要确定。各人员职责如下。

2.1.2.1 项目经理职责：

(1)全面负责工程项目的质量、安全、工期、效益、环保、文明施工、队伍管理，以及对外沟通、协调等工作。

(2)根据企业和业主要求，组织制定项目质量、环境、职业健康安全管理目标，建立项目质量、环境、职业健康安全管理体系，明确管理职责分工，确保项目质量、环境、职业健康安全管理目标的实现。建立健全本单位安全生产责任制,组织制定本单位安全生产规章制度和操作规程。

(3)组织制订重大施工组织方案,合理调配人员、物资设备等,严格调控资金使用,保证本单位安全生产投入的有效实施,确保施工生产顺利进行。

(4)全面推行项目标准化和责任成本管理,做好项目成本的分析、预测、控制和考核工作,压缩管理费开支,提高经济效益。

(5)负责对项目"三项招标"、工资奖金分配、财务开支、验工计价拨款的管理和审批。

(6)加强新技术、新工艺的推广使用,提高项目科技含量。

(7)协调好与业主、监理、驻地政府等的外部关系,做好变更设计(索赔)、质量信誉评价和行业区域滚动发展相关工作。

(8)督促项目部其他领导及各职能部门搞好业务工作,定期举行会议,及时解决工作中的问题,审定签发对内、对外各类文件、汇报材料。

(9)督促、检查本单位的安全生产工作,及时消除生产安全事故隐患。

(10)认真履行工程承包合同,落实项目的开工、竣工、验交和回访等有关事宜。

(11)组织制订并实施本单位的生产安全事故应急救援预案。

(12)及时、如实地报告生产安全事故。

2.1.2.2 党工委书记职责

(1)结合项目管理实际,抓好集团公司、工程公司党委各项决议指示的贯彻落实,发挥党组织的政治核心作用和党员模范带头作用,为实现项目管理的各项目标提供思想保证。

(2)抓好项目部班子建设和党建工作,定期组织项目部班子中心组学习,召开民主生活会,搞好班子的团结协作和廉政建设。

(3)领导工会、共青团组织,做好维护职工权益、民主管理、建家建线、企务公开和青年工作。

(4)参与项目部重大决策,提出意见和建议,协助项目经理抓好施工组织管理、内外关系协调等相关工作。

(5)负责项目部对外宣传和精神文明建设,组织开展文娱活动,丰富员工精神文化生活。

(6)做好入党积极分子、预备党员的考核上报工作。

(7)完成上级党委交办的各项工作。

2.1.2.3　常务副经理职责:

(1)项目经理在时,辅助项目经理管理项目部各项事务;项目经理不在时,暂时管理项目部各项事务。

(2)了解并按时组织学习国家、地方及上级有关的安全生产法律法规、规章制度与设计文件,及时组织落实上级有关的安全生产文件;督促检查相关技术人员学习相关技术规范与规程,按月组织相关技术人员进行安全技术考试。

(3)督促落实施工技术规范与操作规程,督促严格执行设计要求和施工方案,对一些关键工序或重要分部分项工程,亲自带头落实。

(4)督促现场有关人员落实施工现场值班制度,日常巡检中发现违章操作及时处理。

(5)参与各级安全检查,对检查中存在的问题及时组织落实整改。

(6)负责检查现场工作面观测记录、迎检记录、施工日志等资料的填写,并及时整理归档。

(7)发生事故,及时上报,并做好现场保护与抢救工作。配合事故的调查,组织制定落实防范措施。

2.1.2.4　项目总工程师职责:

(1)组织专业技术人员对设计施工图纸进行自审,参加业主或设计单位组织的施工图纸会审和技术交底,并做好会审和交底记录。

(2)组织编制项目施工方案、实施性施工组织设计和关键工序及特殊作业过程指导书,并按规定报集团公司或工程公司主管部门评审。

(3)审核项目材料需用计划和非标构件加工订货计划,监督有关人员做好进货或过程的质量自检、专检和交接检,保证进货和过程质量控制符合标准的要求。

(4)组织重要施工部位和特殊过程的隐蔽工程验收,对发现的不合格或潜在不合格问题分析其存在原因,及时采取纠正和预防措施,并验证措施的落实情况。

(5)组织制定项目创优规划,建立质量保证体系,推广应用新工艺、新技术、新材料,努力提高施工工艺水平和操作技能。

(6)针对重点、难点工程,组织开展技术攻关,带领广大技术人员积极开展 QC 小组活动,上报科技成果,定期召开质量分析会,检查质量体系运行的适应性和有效性,及时研究处理质量活动中的重大技术问题。对质量持有否决权。

(7)协调施工方与业主、监理的关系,负责施工组织的变更设计(索赔)工作,组织工程验收、交付使用等工作。

(8)组织环境因素调查、识别、评价工作,并对环境管理方案的实施情况进行监督、检查。

(9)抓好项目部专业技术人才队伍建设,制订培养计划,定期实施考核,做好技术传、帮、带相关工作,提高专业技术人员工作水平。

(10)负责分工的其他工作。

2.1.2.5 项目副经理职责:

(1)按照职责分工,协助项目经理抓好施工生产、安全质量、责任成本、变更索赔、环保水保、科技创新、信誉评价、滚动发展等方面工作,全面完成项目管理目标责任书规定的各项经济技术指标。

（2）完成项目经理授权管理的其他工作。

2.1.2.6　安全总监职责：

（1）贯彻落实国家安全生产法律法规和上级要求落实的安全生产管理制度。组织制订和适时修改项目安全生产管理制度办法、规定、措施、计划，并检查、督促全体员工贯彻落实。

（2）参与图纸会审、施工组织设计、作业指导书编制、施工方案会审，及时提出事故预防措施和建议，并对执行情况进行监督检查。参加项目安全设施审查和竣工验收。

（3）组织员工开展安全教育培训和安全标准工地建设活动，不断提高员工安全意识和技能。

（4）经常进行现场安全检查，及时掌握施工生产场所、机电设备、交通运输的安全状况和危爆物品的管理使用情况，及时发现、制止和纠正各种违章违纪行为。

（5）定期召开安全生产分析会，对安全工作提出要求并组织落实。参与重大危险源检查、评估、监控，组织制订事故应急预案。参与事故调查处理和原因分析。

（6）组织开展每月安全生产大检查工作和安全生产竞赛、评比活动，实施安全生产奖罚。

（7）定期向上级业务部门总结报告项目安全生产情况。

（8）完成领导交办的其他工作。

2.1.2.7　工程技术部部长职责：

（1）在项目经理和总工程师领导下，认真执行项目管理各项规章制度，及时收集工程信息，编制调度报表，确保施工信息的畅通。

（2）负责编制进度计划并督促实施，制定工期考核办法，确保工程进度目标的实现。

（3）负责编制文明施工考评标准，监督工程队按考评标准进行工地建设。

（4）负责施工现场的协调管理工作，负责与业主、地方、监理、设计等部门的联系，协调解决现场存在的问题。

（5）负责技术、环水保、测量与量测工作。

（6）参与项目的征地拆迁工作，并办理相关报批征用手续，完善征地拆迁资料。

（7）协助计划财务部抓好责任成本、变更索赔工作，建立工程量台账，严格控制数量，杜绝超计价现象。

（8）参与竣工资料的编制，组织竣工验收工作。

（9）完成领导交办的其他工作。

2.1.2.8　安全质量部部长职责：

（1）认真贯彻执行国家颁布的安全质量法律法规及本企业和业主对安全质量的要求，编制项目安全质量管理实施细则，制定创优规划，并监督执行。

（2）定期组织职工进行安全、质量教育培训，参与技术交底，开展 QC 小组活动，组织 QC 成果的总结和申报。

（3）组织编制项目部质量和职业健康安全综合管理体系文件并监督实施。

（4）指导各部门开展贯标工作，并接受上级有关部门的内审和认证机构的监督审核。

（5）组织实施工程施工质量验收、隐蔽工程检查签证和工程质量检测等工作，参与工程验工计价，收集施工过程中的不合格信息，进行数据分析，并制定纠正和预防措施，保证综合管理体系持续有效地运行。

（6）定期具体组织安全、质量检查，组织召开安全、质量例会，分析并向工地领导小组报告安全生产形势、质量的监督检查评比与考核。

（7）完成领导交办的其他工作。

2.1.2.9 计划合同部部长职责:

(1)负责项目责任成本管理工作。组织相关部门及人员办理对上、对下验工计价,并根据计价情况提出拨款建议。如实编制调概补差资料并及时上报。

(2)负责内外经济合同的评审、洽谈及签订,搞好承包管理,避免经济纠纷。组织或配合相关部门开展变更设计及索赔工作,努力降低工程成本,增加管理效益。项目完工时负责对业主、工程队办理工程结算。

(3)掌握工程形象进度完成状况,建立健全各类台账,认真编制计划统计报表,并按规定上报。

(4)组织审核专案预决算、用款方案、原辅材料供应计划。

(5)完成领导交办的其他工作。

2.1.2.10 财务部部长职责:

(1)贯彻执行国家的财政法规和上级有关标准制度,维护国家财产安全完整,工作行为既对集团公司负责,也对项目负责。

(2)组织和实施项目的资金管理、成本管理,严格按《中华人民共和国会计法》开展工作,依法进行会计核算和会计监督。有权制止各种违反财经法纪的一切行为;制止无效的,有权向上级单位报告。

(3)建立健全经济核算制度和内部财务管理制度,落实会计人员的岗位责任,有权对项目所属机构的财务管理情况进行监督检查,实施指导。

(4)参与项目责任预算方案、财务收支计划、施工生产计划的制订,参加项目生产经营、购销、租赁等重大合同的制定与会签。

(5)按规定向上级编报财务报告,确保派驻单位会计资料的合法性、真实性、完整性。对企业资产流失和违反财经纪律的行为承担相应责任。

(6)监督项目上缴国家规定的税金、附加费、基金,及时完成各项应上缴款任务。

（7）定期进行项目经济活动分析，及时提供财务信息，为项目领导和上级经营决策服务。

（8）负责组织项目会计人员的政治、业务学习和职业道德教育，努力提高会计人员的素质。

（9）完成上级规定的其他职责。

2.1.2.11　材料设备部部长职责：

（1）认真贯彻落实上级有关物资设备政策、规章制度和物资纪律，组织物资设备招（议）标。

（2）负责制定项目物资设备管理办法，建立详细台账，全面掌握材料设备动态。

（3）做好物资设备供应市场的调查，收集整理各方面物资设备信息，为领导决策提供参考。

（4）组织对业主提供的或业主、设计院指定产品的调查、咨询，建立合格供方档案，并报集团公司或工程公司评审。

（5）负责物资设备业务人员的岗前培训，持证上岗。严格控制人、机违章操作，避免机械伤害。

（6）做好设备调度和调剂物资余缺，确保施工所需。对业主提供的产品进行质量监控，确保所供物资符合国家标准。

（7）负责项目物资的采购、搬运、验证、储存、发放、报检、标志及检算物资账目等工作。合理设置现场料库，及时上报各种报表。

（8）积极开展"双争、双节"活动，奖励修旧利废，推广新材料、新技术的应用。

（9）完成领导交办的其他工作。

2.1.2.12　综合办公室主任职责：

（1）负责项目部机关的日常行政管理和保障工作，做好内外接待和重要活动的组织协调。

（2）负责文件的收发、登记、呈批、传阅、催办、管理和归档，做好上传下达、印章管理、会议筹备、信访、保密等工作。

（3）在项目部党工委的领导下，做好项目党建、工会、共青团、纪检、人力资源管理的具体工作。

（4）负责企业文化建设和企业形象宣传工作，注意发现新情况、总结新经验、培养新典型，积极向各级媒体报送信息。

（5）负责项目部通信、伙食、车辆、安保、卫生、办公用品、生活设施的归口管理，尽力为各级人员提供食宿、交通方便，保证各项工作的顺利展开。

（6）完成领导交办的其他工作。

2.1.2.13　测量队队长职责：

（1）负责组织本项目部的交接桩、复测和线路控制测量。

（2）确定重点、难点工程项目的测量方案和施工控制网。

（3）负责项目部测量的检查、监督、技术指导等工作。

（4）负责测量技术总结以及测量新技术、新设备的研究和推广应用。

（5）参与质量检查、工程事故处理等技术管理工作，并提供必要的测量数据。

（6）负责检查项目部的测量人员上岗、设备配备、技术资料的管理等工作。

（7）配合和接受测量监理工作，按监理要求提交相关测量资料。

（8）配合业主委托的第三方测量机构在建设过程中对本线进行测量验收、抽检、复核，对误差、粗差争议进行核查，对重要工点和重点工程进行监测和观测。

（9）负责竣工测量和参加竣工交接工作。

（10）发现测量事故及时向上级领导报告，并提出处置意见，按批准的处置方案进行相应的工程处置。

（11）完成领导交办的其他工作。

2.1.2.14 试验室主任职责：

(1)认真贯彻国家有关法律、法规、条例和政策，在项目总工程师的领导下，全面负责本室的管理和业务技术工作。

(2)落实中心试验室组织机构设置和资源配备，负责试验工作的计划编制、检查、落实和总结。

(3)认真贯彻执行上级、业主及监理等有关质量和检测的规定，协调内外关系。掌握与工程施工有关的动态和情况，指导试验检测业务开展，解决有关技术问题，签发检测报告。

(4)参加项目工程例会、过程质量检查和科技攻关，组织收集各类试验科技信息、标准规范，推广应用新技术、新材料和新工艺。

(5)参加工程质量检查、评定和验收工作，参与工程质量事故的调查和处理。

(6)负责试验室的仪器设备的购置更新、维护保养、周期检定和校准工作。

(7)督促检查各部门岗位责任制的执行情况，考核本项目试验人员的工作质量，提出培训计划并组织实施。

(8)建立健全质量保证体系和质量管理体系及项目检测管理办法，确保检测工作的准确性、可靠性和公正性。

(9)完成领导交办的其他工作。

2.1.2.15 质检员职责：

(1)负责工程开工前施工准备检查、工程质量定期或不定期检查以及施工过程中的经常性检查，督促指导各工程队建立质量制度和落实质量措施。

(2)参与质量保证措施的编制工作，参加工程质量检查和相关会议，签证验工计价报表。

(3)参加隐蔽工程的检查和验收，填写检查证并通知监理人员进行检查和签证。

(4)总结施工质量管理工作经验教训，按规定时间上报月、季、年质量报表及总结报告。

（5）实施工程施工质量验收,对发现的工程质量问题提出具体处理意见。

（6）经常深入施工现场监督检查,严肃查处质量隐患和违章施工行为,必要时签发《工程质量问题通知单》,责令停工或返工,并提出处理意见。

（7）按照竣工文件编制办法负责收集整理管辖范围内的质量档案和资料,做到签字手续齐全,具有可追溯性。

（8）完成领导交办的其他工作。

2.1.2.16　安全员职责:

（1）认真学习并执行有关规章制度,根据工程实际情况,制定项目和重点工程、专项工程的安全预防措施。

（2）按集团公司有关要求,全面推行"安全生产标准化工地"建设,实行全员、全方位、全过程监控,夯实安全生产基础工作。

（3）负责对施工过程的安全工作进行检查监督,对职工进行安全教育培训考核,并做好安全检查和教育的记录。

（4）编写安全事故救援预案、抢险预案。及时解决安全工作中存在的问题,总结安全工作,及时提出防范措施。

（5）定期组织安全检查及验收,并向项目经理和总工程师及分管领导汇报安全检查情况。

（6）负责向项目部相关部室传达业主或监理关于安全方面的改进意见及执行情况。

（7）组织对重点项目施工进行全过程安全监控。

（8）完成领导交办的其他工作。

2.1.2.17　技术员职责:

（1）对施工生产中安全技术问题负有管理责任。

（2）严格按照国家安全技术规定、规程和标准编制设计、施工工艺等技术文件,提出相应的安全技术措施,编制安全技术操作规程。

（3）新工艺、新技术、新设备、新施工方法要制定相应的安全措施和安全操作规程。

（4）对公司基本建设和技术改造项目，落实劳动保护和安全设施措施，并做好"三废"治理工作。

（5）对安全设施进行技术鉴定，负责安全技术科研项目及合理化建议项目的研究审核和技术核定。

（6）参加安全检查，对查出的隐患因素提出技术改进措施，并检查执行情况。

（7）完成领导交办的其他工作。

2.1.2.18　施工员职责：

（1）遵守《中华人民共和国建筑法》和有关的建筑工程安全生产法令、法规，坚持"安全第一、预防为主"的方针，认真执行公司的各项安全生产规章制度。

（2）认真执行项目施工组织设计和安全技术措施，严格做到按图施工。

（3）参与制定项目工程的安全管理目标，配合安全员做好日常安全管理工作。

（4）重视项目工程的安全管理目标，配合安全员做好日常安全管理工作。

（5）合理安排施工计划，现场巡回检查安全操作规程执行情况，对违章作业有权制止，直至停工整改。

（6）认真落实各项安全防护设施，确保机、电、架和洞口临边安全防护设施的完整。

（7）做好分部、分项和各工种安全技术交底工作。

（8）有权拒绝不科学、不安全、不文明施工的生产指令。

（9）参加各项安全生产检查。

（10）完成领导交办的其他工作。

2.1.2.19　材料员职责：

(1)采购所有劳动防护用品和安全防护物品时必须到有关部门认可的有资质的生产厂家和指定网点购买。

(2)有关劳动防护用品和安全生产防护物品的合格记录和质保书须交安全资料员归档备查。

(3)对施工需要的劳动防护用品和安全设施所用材料应纳入计划及时供应。

(4)经常与安全员取得联系,听取施工人员对所购劳动防护用品和安全防护物品的反馈意见。

(5)参加安全会议,积极提出合理化建议。

(6)拒绝一切不符合要求的"三宝"和电器机具流入施工现场。

(7)完成领导交办的其他工作。

2.1.2.20　预算员职责：

(1)按照规定把劳动保护技术经费列入预算费用中。

(2)将审定的劳动保护技术安全措施所需的经费,列入年度计划,按需要支付。

(3)进行安全宣传教育所需费用从管理费用中开支。

(4)合理控制和使用劳动保护技术经费。

(5)按国家规定要求,从技术措施费中提取 10% ~ 20% 作为安全技术措施费用。

(6)经常对所属职工进行安全生产和遵守安全规章制度的宣传教育。

(7)完成领导交办的其他工作。

2.1.2.21　资料员职责：

(1)根据《建筑施工安全检查标准》(JGJ 59—2011)做好工地安全管理台账。

(2)及时收集各类安全协议、合同、施工组织设计、安全技术措施、安全技术交底、安全教育、安全培训等资料并整理归档。

（3）及时收集采购的劳动防护用品和安全生产防护用品的合格证、准用证、许可证和质保书等资料并组织归档。

（4）经常深入施工现场，了解掌握工程的进度及安全设施的实际要求，并全过程地做好记录，做到正确无误。

（5）经常会同监理、设计、建设单位有关人员，并与项目工程部的安全员、施工员等联系，及时收集和处理有关资料文本。

（6）技术资料、安全资料等，全部有系统地装订成册，待竣工验收检查存档。

（7）完成领导交办的其他工作。

2.1.2.22　企业安全生产领导机构职责：

（1）贯彻国家有关法律法规、规章制度和规程规范，建立、完善施工安全管理制度。

（2）组织制订安全生产目标管理计划，建立健全项目安全生产责任制。

（3）部署安全生产管理工作，决定安全生产重大事项，协调解决安全生产重大问题。

（4）组织编制安全生产目标管理计划、施工组织设计、专项施工方案、安全技术措施计划和安全生产费用使用计划。

（5）每季度召开一次会议，并形成会议纪要，印发给相关单位。

2.1.2.23　安全生产管理机构的主要职责：

（1）贯彻执行国家有关法律法规、规章制度、规程规范和内部管理制度。

（2）编制施工组织设计、专项施工方案、安全技术措施计划和安全生产费用使用计划。

（3）组织安全生产检查，掌握安全生产动态，提出改进意见和措施，监督检查落实情况。

（4）负责安全生产教育培训和管理工作。

（5）组织事故应急救援预案的演练工作。

（6）组织或参与安全防护设施、施工设施设备、危险性较大的专项工程验收。

（7）制止违章指挥、违章作业和违反劳动纪律的行为。

（8）配合工程项目安全评价工作。

（9）负责项目安全管理资料的收集、整理、归档，按时上报各种安全报表和材料。

（10）统计、分析和报告生产安全事故，配合事故的调查和处理等。

2.1.2.24　各项目部职责：

（1）每周由项目部负责人主持召开一次安全生产例会，分析现场安全生产形势，研究解决现场安全生产问题。

（2）各部门负责人、各班组长、分包单位现场负责人等参加会议。

（3）会议应做详细记录，并形成会议纪要。

2.1.2.25　工程技术部安全生产责任：

（1）认真贯彻执行安全生产的方针、政策、法律法规，公司及项目部安全生产规章制度，并监督检查执行情况。

（2）负责编制年度安全生产工作计划和目标，并负责贯彻落实。

（3）负责修订安全生产管理制度，并对其执行情况进行监督检查。

（4）协助主管领导组织开展安全生产宣传教育培训工作。

（5）负责对项目经理部的安全教育、培训及考核情况进行检查。

（6）负责对现场进行定期和不定期安全检查，发现事故隐患均应签发《隐患通知单》并按时复查整改情况。遇有重大事故隐患或违章指挥、违章作业时,应及时纠正违章行为,或勒令违章人员撤出施工区域。遇有重大险情时,指挥危险区域内的人员撤离现场,并及时向上级报告。

(7)参加项目部安全生产例会,提出预防事故发生的防范性建议。

(8)检查劳动防护用品是否符合要求,并监督其使用情况。

(9)严格按照整合管理手册的要求,做好相关主控项的控制和管理工作。

(10)参加伤亡事故的调查,进行事故统计、分析,按规定及时上报,对伤亡事故和未遂事故的责任者提出处理意见。

(11)在总工程师的牵头下,实施危险源辨识和沿线风险点的排查。

2.1.2.26 安全质量部安全生产责任:

(1)认真贯彻执行安全技术规范和安全操作规程,督促检查安全技术措施的编制及实施,督察危险源的管理和沿线风险点的控制。

(2)在审查施工组织设计或施工方案时,同时审查安全技术措施,确保安全技术措施的可行性、针对性、全面性。当施工组织设计或施工方案变更时,应及时重新审查安全技术措施。

(3)在检查施工组织设计或施工方案实施情况时,要同时检查安全技术措施的实施情况。对施工中涉及安全方面的技术性问题,应及时提出解决办法。

(4)对新技术、新材料、新工艺,应制定相应的安全技术措施和安全操作规程。对改善劳动条件、减轻笨重体力劳动、消除噪声等职业安全卫生的技术处理进行研究并加以解决。

(5)严格按照整合管理手册的要求,做好相关主控项的控制和管理工作。

(6)参与伤亡事故和未遂事故的调查,分析事故原因,从技术上提出防范措施。

（7）对重大危险源编制应急预案并组织应急演练，进一步完善应急预案；针对危险性较大工程编制安全专项施工方案，并按规定参加专家论证，根据专家意见完善安全专项施工方案。

2.1.2.27 材料设备部安全生产责任：

（1）对提供个人劳动防护用品、安全防护用品的料具及设备的厂商进行合格性评价，将合格供方名册下发到各项目部，监督各项目部的采购行为。

（2）定期检查项目的采购行为，确保采购到合格的产品。

（3）定期检查项目部的库房、料厂的材料堆放、储存、保管情况，确保其符合安全要求。

（4）严格按照整合管理手册的要求，做好相关主控项的控制和管理工作。

2.1.2.28 综合办公室安全生产责任：

（1）贯彻执行有关消防保卫的法律法规，经常进行消防、劳动卫生的宣传教育，协助主管领导做好消防保卫工作。

（2）负责检查施工现场防暑降温工作。

（3）负责监督检查卫生防疫及预防食物中毒、煤气中毒等工作。

（4）负责对项目部的消防保卫工作进行检查，发现问题及时整改。

（5）参加流行性疾病、食物中毒事故、煤气中毒、火灾等事故的调查与处理，检查督促防范措施情况。

（6）严格按照整合管理手册的要求，做好相关主控项的控制和管理工作。

2.1.2.29 财务部安全生产责任：

（1）负责编制项目部安全资金使用计划，建立安全资金使用台账，监督安全资金使用情况，保证专款专用。

（2）负责及时拨付安全资金。

（3）在拨付工程款时，及时扣除违章罚款。

（4）严格按照整合管理手册的要求，做好相关主控项的控制和管理工作。

2.1.2.30　计划合同部安全生产责任：

（1）负责安全措施费的计取。

（2）负责对劳务供方进行评价，建立劳务合格供方名册。

（3）负责通过劳务招标方式，选择合格的劳务供方。

（4）严格按照整合管理手册的要求，做好相关主控项的控制和管理工作。

2.1.3　按规定配备安全生产管理人员，并形成纵向到底、横向到边的安全管理网络。

2.1.3.1　注意以下几个方面：

（1）企业安全管理机构一般指安全生产管理部，要注意与企业安全生产领导小组区分。

（2）安全管理机构的专职安全员的配备数量有要求，注意与项目部的专职安全员的配备数量不冲突。

（3）要由企业领导至班组兼职安全员形成书面的安全管理网络，注意公司层面与项目部层面要适当区分。一般公司层面向下到各项目的安全专职人员，但要对项目部的安全网络情况进行督促检查。

2.1.3.2　企业及项目部专职安全员配备数量按下列规定。

2.1.3.2.1　企业按资质配备：

（1）建筑施工总承包资质序列企业：特级资质不少于6人，一级资质不少于4人，二级和二级以下资质不少于3人。

（2）建筑施工专业承包资质序列企业：一级资质不少于3人，二级和二级以下资质不少于2人。

（3）建筑施工劳务分包资质序列企业：不少于2人。

(4)建筑施工企业的分公司、区域公司等较大的分支机构(以下简称分支机构)应依据实际生产情况配备不少于 2 人的专职安全生产管理人员。

2.1.3.2.2 各项目部按照工程合同价配备:

(1)5 000 万元以下的工程不少于 1 人。

(2)5 000 万 ~1 亿元的工程不少于 2 人。

(3)1 亿元及以上的工程不少于 3 人,且按专业配备专职安全生产管理人员。

(4)劳务分包单位施工人员在 50 人以下的,应当配备 1 名专职安全生产管理人员;50 ~ 200 人的,应当配备 2 名专职安全生产管理人员;200 人及以上的,应当配备 3 名及以上专职安全生产管理人员,并根据所承担的分部分项工程施工危险实际情况增加,不得少于工程施工人员总人数的 5‰。

2.2 安全职责

2.2.1 安全生产责任制度应明确各级单位、部门及人员的安全生产职责、权限和考核奖惩等内容。

建立健全以主要负责人为核心的安全生产责任制,明确各级负责人、各职能部门和各岗位及相关人员的安全生产责任,实现全员的"一岗双责"。

2.2.1.1 施工企业主要负责人的安全管理职责主要包括:

(1)贯彻执行国家和行业有关安全生产的方针政策和法规、规范,建立健全安全生产责任制,组织制订安全生产管理制度、安全生产目标计划、生产安全事故应急救援预案;

(2)保证安全生产费用的足额投入和有效使用;

(3)组织安全教育和培训,依法为从业人员办理保险;

(4)组织施工安全生产管理,落实安全生产法律法规、规章制度；

（5）组织编制、落实安全技术措施和专项施工方案；

（6）组织危险性较大的专项工程、重大事故隐患治理和特种设备验收；

（7）组织事故应急救援演练；

（8）组织安全生产检查，制定隐患整改措施并监督落实；

（9）组织生产安全事故现场保护与抢救工作，组织、配合事故的调查等。

2.2.1.2　技术负责人主要负责项目施工安全技术管理工作，其安全管理职责主要包括：

（1）组织施工组织设计、专项工程施工方案、重大事故隐患治理方案的编制和审查；

（2）参与制订安全生产管理规章制度和安全生产目标管理计划；

（3）组织工程安全技术交底；

（4）组织事故隐患排查、治理；

（5）组织项目施工安全重大危险源的识别、控制和管理；

（6）参与或配合生产安全事故的调查等。

2.2.1.3　施工企业专职安全生产管理人员的安全管理职责主要包括：

（1）参与制定安全生产各项规章管理制度；

（2）协助主要负责人签订安全生产目标责任书，并进行考核；

（3）参与编制施工组织设计和专项施工方案、制定重大危险源防护和重大事故隐患治理措施；

（4）协助主要负责人开展安全教育培训、考核；

（5）负责安全生产日常检查，建立安全生产管理台账；

（6）督导危险源监控，事故隐患治理；

（7）编制安全生产费用使用计划并监督落实；

（8）参与或监督班前安全活动和安全技术交底；

（9）参与事故应急救援演练；

（10）参与安全设施设备、危险性较大的专项工程、重大事故隐患治理验收；

（11）及时报告生产安全事故，配合调查处理；

（12）负责安全生产管理资料收集、整理和归档等。

2.2.1.4　班组长安全生产职责主要包括：

（1）执行安全生产规章制度和安全操作规程，掌握班组人员的健康状况；

（2）组织学习安全操作规程，监督个人劳动防护用品的正确使用；

（3）负责安全技术交底和班前教育；

（4）检查作业现场安全生产状况，及时发现纠正问题；

（5）组织实施安全防护、危险源管理和事故隐患治理等。

2.2.2　安全生产委员会或安全生产领导小组每季度召开一次会议，总结分析本单位的安全生产情况，评估本单位存在的风险，研究解决安全生产工作中的重大问题，决策企业安全生产的重大事项，并形成会议纪要。

注意点：安委会（安全生产领导小组）会议纪要，安委会会议决议跟踪情况。

2.2.3　各级、各岗位人员认真履行安全生产职责，严格落实安全生产规章制度。

注意点：主要是履行职责过程中形成的资料。

2.2.4　对安全生产责任制的落实情况进行检查。

每季度应对各部门、人员安全生产责任制落实情况进行检查、考核，并根据考核结果进行奖惩。

第3章 安全生产投入

3.1 安全生产费用管理

3.1.1 安全生产的费用保障制度应明确提取、使用、管理的程序、职责及权限。

3.1.2 按照《企业安全生产费用提取和使用管理办法》（财企〔2012〕16号）的规定，足额提取安全生产费用；在编制投标文件时，将安全生产费用列入工程造价。

(1)在编制投标文件时，应将安全生产费用列入工程造价，按标准提取安全生产费用。

(2)建设工程施工企业以建筑安装工程造价为计提依据，水利水电工程的提取比例为2.0%。

(3)台账应按月度统计、年度汇总。

3.1.3 根据安全生产需要编制安全生产费用计划，并严格审批程序，建立安全生产费用使用台账。安全生产费用主要用于以下几方面：

(1)完善、改造和维护安全防护设施、设备支出，包括施工现场临时用电系统、洞口、临边、机械设备、高处作业防护、交叉作业防护、防火、防爆、防尘、防毒、防雷、防台风、防地质灾害、地下工程有害气体监测、通风、临时安全防护等设施设备支出；

(2)配备、维护、保养应急救援器材、设备和应急演练支出；

（3）开展重大危险源和事故隐患评估、监控和整改支出；

（4）安全生产检查、评价（不包括新建、改建、扩建项目安全评价）、咨询和标准化建设支出；

（5）配备和更新现场作业人员安全防护用品支出；

（6）安全生产宣传、教育、培训支出；

（7）与安全生产适用的新技术、新标准、新工艺、新装备的推广应用支出；

（8）安全设施及特种设备检测检验支出；

（9）其他与安全生产直接相关的支出。

3.1.3.1　注意点：

（1）按规定的使用范围，编制安全生产费用计划，严格履行审批程序，安排安全生产资金。

（2）安全费的使用要履行审批程序。

（3）安全费用的体现有以下两种形式：

①购买或委托实施的项目，要有发票；

②项目部自身安排实施的防护栏杆等要有结算单。

3.1.3.2　以下费用开支不在安全投入中列支：

（1）为施工和管理人员办理团体人身意外伤害保险或个人意外伤害保险所需的保险费用；

（2）为员工提供的职业病防治、工伤保险、医疗保险所需费用。

3.1.3.3　安全投入优先用于满足安全监管部门对施工安全生产提出的整改措施或达到安全生产条件所需支出。

安全投入支出范围见表 3.1-1。

表 3.1-1 安全投入支出范围

1 完善、改造和维护安全防护设备、设施支出
1.1 "四口"(楼梯口、电梯井口、预留洞口、通道口)、"五临边"(未安装栏杆的平台临边、无外架防护的层面临边、升降口临边、基坑临边、上下斜道临边)等防护、防滑设施
1.2 施工场地安全围挡设施
1.3 施工供配电及用电安全防护设施(漏电保护、接地保护、触电保护等装置,变压器、配电盘周边防护设施,电器防爆设施,防水电缆及备用电源等)
1.4 各类机电设备安全装置
1.5 隧道瓦斯检测设备
1.6 地质监控设施
1.7 防风、防腐、防火、防尘、防水、防辐射、防雷电、防危险气体等设备设施及备用品
1.8 起重机械、提升设备上的各种保护及保险装置
1.9 锅炉、压力器、压缩机的保险和信号装置
1.10 防治边帮滑坡设备
1.11 作业中防止物体、人员坠落设置的安全网、棚、护栏等
1.12 起重、爆破作业及穿越村镇、公路、河流、地下管线进行施工、运输作业所增设的防护、隔离、拦挡等设施
1.13 各种安全警示、警告标志
1.14 航道临时防护及航标设置等
1.15 安全防护通信设备
1.16 其他安全防护设备、设施

续表 3.1-1

2	配备必要的应急救援器材、设备和现场作业人员安全防护物品支出
2.1	应急照明、通风、抽水设备及锹、镐、铲、千斤顶等
2.2	防洪、防坍塌、防山体落石、防自然灾害等物资设备
2.3	急救药箱及器材
2.4	应急救援设备、器械(包括救援车等)
2.5	救生衣、救生圈、救生船等
2.6	各种消防设备和器材
2.7	现场工作人员的各种安全防护用品支出
2.8	其他救援器材、设备
2.9	应急救援预案评审费用
3	安全生产检查与评价支出
3.1	特种机械设备、压力容器、避雷设施等检查检测费
3.2	聘请专家参与安全检查和评价费用
3.3	各级安全生产检查、督导与评价费
4	重大危险源、重大事故隐患的评估、整改、监控支出
4.1	超前地质预报、重大危险源监控费用
4.2	水上及高处作业评估、整改
4.3	危险源辨识与评估(高路堑坚石开挖、瓦斯隧道、既有线隧道评估等)
4.4	重大事故隐患评估
4.5	应急预案措施投入
4.6	自然灾害预警费用

续表 3.1-1

4.7	爆炸物运输、储存、使用时安全监控、防护费用及安全检查与评估费用
4.8	施工便桥安全检测、评估费用
4.9	其他重大危险源、重大事故隐患的评估、整改、监控支出
5	安全技能培训及进行应急救援演练支出
5.1	购置、编印安全生产书籍、刊物、影像资料等
5.2	举办安全生产展览和知识竞赛活动,设立陈列室、教育室等
5.3	召开安全生产专题会议
5.4	专职安检人员、生产管理人员安全生产专业培训
5.5	全员安全及特种(专项)作业安全技能培训
5.6	安全应急救援及预案演练
5.7	各种安全生产宣传支出
5.8	其他安全教育培训费用
6	其他与安全生产直接相关的支出
6.1	特种作业人员(从事高空、井下、尘毒作业的人员及炊管人员等)体检费用
6.2	办理安全施工许可证费用
6.3	办公、生活区的防腐、防毒、防"四害"、防触电、防煤气、防火患等支出
6.4	与安全员有关的费用支出
6.5	安全监管部门经费支出(奖金、办公费、差旅费等)
6.6	安全生产奖励
6.7	其他

3.2　安全费用使用

3.2.1　落实安全生产费用使用计划,并保证专款专用。

注意点:

(1)安全生产费用使用凭证;

(2)安全生产费用使用台账。

3.2.2　每年对安全生产费用的落实情况进行检查、总结和考核。

施工企业提取的安全费用应专户核算,建立安全费用使用台账。台账应按月度统计、年度汇总。

施工单位应按照安全生产措施计划和安全生产费用使用计划开展安全生产工作、使用安全生产措施费用,并在施工月报中反映安全生产工作开展情况、危险源监测管理情况、事故隐患排查治理情况、现场安全生产状况和安全生产费用使用情况。

定期组织对本单位(包括分包单位)安全专项费用使用情况进行检查。对存在的问题,相关单位应进行整改。

3.2.2.1　总承包单位对安全生产费用的使用负总责,分包单位对所分包工程的安全生产费用的使用负直接责任。总承包单位应当定期检查评价分包单位施工现场安全生产情况。

3.2.2.2　施工企业应按照安全生产措施计划和安全生产费用使用计划开展安全生产工作、使用安全生产措施费用,并在施工月报中反映安全生产工作开展情况、危险源监测管理情况、事故隐患排查治理情况、现场安全生产状况和安全生产费用使用情况。

3.2.2.3　监理单位应对施工企业落实安全生产费用情况进行监理,并在监理月报中反映监理及施工企业安全生产工作开展情况、工程现场安全状况和安全生产费用使用情况。

第4章　法律法规与安全管理制度

4.1　法律法规、标准规范

4.1.1　建立识别、获取适用的安全生产法律法规、规程规范的办法,包括识别、获取、评审、更新等环节内容,明确职责和范围,确定获取的渠道、方式等要求。

注意点:

(1)正式文件发布。

(2)该制度主要内容应包括以下几项:

①明确识别、获取、评审、更新安全生产法律法规、规程规范及其他要求的部门和人员及其职责、周期、方式等。

②明确范围,包括有关安全生产的法律法规、部门规章、地方法规、国家和行业标准、规范性文件及其他要求等。

③明确有效的获取渠道。

4.1.2　职能部门和基层单位应定期识别、获取适用的安全生产法律法规与其他要求,主管部门每年发布一次适用的安全生产法律法规与其他要求清单。

注意点:

(1)安全生产适用法律法规、规程规范识别获取记录;

(2)安全生产适用法律法规、规程规范清单。

4.1.3　及时向员工传达适用的安全生产法律法规与其他要

求,配备适用的安全生产法律法规、规程规范。

注意点:

(1)安全生产适用法律法规、规程规范发放记录;

(2)安全生产适用法律法规、规程规范培训学习记录。

4.2　安全规章制度

4.2.1　建立健全安全生产规章制度,并及时将识别、获取的安全生产法律法规与其他要求转化为本单位规章制度,贯彻到日常安全生产管理工作中。

企业根据国家安全生产的法律法规、行业规范、上级主管部门及地方政府有关安全监督方面的文件,结合本单位的实际,建立健全安全生产规章。及时将识别、获取的安全生产法律法规与其他要求融入到本单位的规章制度中。

安全生产管理部门应根据安全生产法律法规与其他要求的变化,及时修订完善本企业安全生产规章制度。

4.2.2　安全生产规章制度应发放到相关工作岗位,并组织员工学习。

注意点:

(1)安全生产规章制度发放记录;

(2)安全生产规章制度培训学习记录。

例如:

安全例会制度

(1)季度安全总结会:项目部每季度第一个月上旬组织召开一次安全总结会议。检查、总结项目部安全、文明和绿色施工工作目标的执行情况,解决安全工作中存在的重大问题,改正项目部安全管理制度在执行中发现的问题,布置下季度的安全、文明和绿色施工工作。

（2）月安全分析会：项目部每月 25 日召开一次由各施工队、项目部相应部（室）负责人参加的安全分析会，研究、协调、解决安全文明施工具体问题；检查项目安全、文明和绿色施工工作计划实施情况；提出下阶段的安全、文明和绿色施工工作要求。

（3）周调度会：项目部每周一定期召开生产安全调度会，及时了解和掌握安全施工动态，解决存在的问题；总结、布置日常性安全、文明管理工作；讨论研究安全技术措施或方案；确保安全、文明施工措施计划与生产计划同时贯彻落实。

（4）生产安全会：项目工区应每月召开一次有专职安全员、施工队长和班组长参加的安全会议，检查、了解本工地各施工项目和各工种、工序作业的安全、文明施工情况，提出改进措施；布置、指导班组安全、文明施工工作。

（5）安全周例会：项目部应在每周的工作例会上，总结上周工作情况，解决存在的问题，布置下周安全、文明施工工作。

（6）班前例会：班前例会每天由班长组织并主持，根据本班目前工作内容，重点介绍安全注意事项、安全操作要点及工作部位。在班前根据当班工作内容，向班组成员进行以掌握安全操作要领、提高安全防范意识、减少事故发生为目的的活动。

（7）安全会：遇特殊情况，安全管理领导小组组长可随时召开例会。

（8）季度安全总结会：

包括但不限于以下内容：

①安全负责人（总监）通报定期检查情况，总结前期安全生产工作，针对存在的问题和好的经验提出下一步工作重点和措施。

②学习传达有关安全生产方针、政策、法律法规，上级有关规章制度和通知文件精神。

③各施工队汇报本季施工安全情况、下一步工作重点和措施。

④对主要安全事故隐患、重大危险源进行讨论、分析，查明原

因,分清责任,提出防范或整治措施,明确落实责任人、复查责任人、完成时限及要求。

⑤根据当前施工特点,对易发事故或相关案例进行分析。

⑥根据当期季节变化、施工进度和重难点工程,分析关键施工技术、工艺和安全注意事项。

⑦由主持人或负责人总结,并布置下一步工作重点和措施、要求;宣布前期安全生产奖罚。

⑧各施工队表态。

(9)其他安全例会内容:

除包括上述相关内容外,还包括以下内容:

①当前施工所涉及的危险源、重点作业项目和常见事故的控制和预防措施、应急措施。

②相关人员介绍行之有效的施工安全管理方法或相关技能。

③关键工序、岗位间工作衔接、配合安全注意事项。

④学习、抽考安全生产知识、操作规程。

(10)项目部安全质量部负责本级安全例会的记录,并形成文档,于例会结束后三天内分发各下属施工队。安全例会的文档记录要求记录清楚、字迹工整、内容齐全、保存完好。

4.3　安全操作规程

4.3.1　根据岗位、工种特点,引用或编制齐全、完善、适用的岗位安全操作规程。

操作规程要按规定审定或签发。岗位操作规程可以组织熟悉岗位作业的操作人员和专业技术人员,按照作业前、作业中、作业后的作业顺序中存在的安全风险进行编制。

4.3.2　岗位安全操作规程应发放到相关班组、岗位,并对员工进行培训和考核。

注意点:见附件"安全操作规程要求"。

4.4　评估

4.4.1　每年至少对安全生产法律法规、规程规范、规章制度、操作规程的执行情况进行一次检查评估。

4.4.2　检查评估可以单独进行,也可以与其他检查评价工作共同进行。企业可以自行检查,组织检查评价,也可以聘请有关专业技术咨询中介机构或专家进行,检查评价工作要规范化、制度化,并形成检查评价报告,明确相关整改项目、措施、责任主体和时间要求。

4.5　修订

4.5.1　根据评估情况、安全检查反馈的问题、生产安全事故分析、绩效评定结果等,及时对安全生产规章制度和操作规程进行修订,确保其有效和适用。

4.5.2　一般发生以下情况时要及时修订相应的规章制度、操作规程:

(1)评估结果确认需要修订时。

(2)施工机械设备更新换代时。

(3)安全检查反馈的问题系规章制度、操作规程不适用产生时。

(4)借鉴相关事故教训认为需要修订时。

(5)在安全生产绩效评定后,根据规章制度、操作规程的适宜性、充分性、有效性的绩效评定情况,以及安全生产目标、指标完成情况等绩效评定结果,判断需要修订时。

(6)国家以及所在地的法律法规、标准有新要求时。

（7）掌握到国际、国内先进的安全管理理论和方法时。

4.6　文件和档案管理

4.6.1　建立文件管理制度,明确文件的编制、审批、标志、收发、评审、修订、使用、保管等要求,并严格管理。

制度要明晰责任,规范流程,严格管理,保证效力。

4.6.2　建立记录管理制度,明确记录的管理职责及记录的填写、收集、标志、储存、保护、检索、保留和处置要求,并严格执行。

4.6.3　按照档案管理规定对主要安全生产文件、记录进行管理。

第 5 章　教育培训

5.1　教育培训管理

5.1.1　安全教育培训制度应明确安全教育培训的对象与内容、组织与管理、检查等要求。

制度中要明确主管部门、明确各类人员的培训要求。

5.1.2　定期识别安全教育培训需求,制订教育培训计划,保障教育培训场地、教材、教师等资源,按计划进行安全教育培训,建立教育培训记录、档案。

注意点:

(1)年度安全培训计划(公司级、部门级);

(2)安全教育培训记录表;

(3)安全教育培训效果评价。

安全生产教育培训考核不合格的人员,不得上岗。

5.2　安全管理人员教育培训

5.2.1　主要负责人、项目负责人、专职安全生产管理人员应具备与本单位所从事的生产经营活动相适应的安全生产知识、管理能力和资格,每年按规定进行再培训。主要负责人、项目负责人、专职安全生产管理人员初次安全培训时间不少于 32 学时。

5.2.1.1　现场主要负责人和安全生产管理人员应接受安全教育培训,具备与其所从事的生产经营活动相应的安全生产知识和管理能力。

5.2.1.2　施工企业的主要负责人、项目负责人、专职安全生产管理人员必须取得省级以上水行政主管部门颁发的安全生产考核合格证书,方可参与水利水电工程投标,从事施工管理工作。

5.2.1.3　施工企业主要负责人、项目负责人每年接受安全生产教育培训的时间不得少于 30 学时,专职安全生产管理人员每年接受安全生产教育培训的时间不得少于 40 学时,其他安全生产管理人员每年接受安全生产教育培训的时间不得少于 20 学时。

5.3　新员工及特种作业人员培训

5.3.1　新员工上岗前应接受三级安全教育培训,三级安全教育培训时间不少于 24 学时;在新工艺、新技术、新材料、新装备、新流程投入使用前,对有关管理、操作人员进行有针对性的安全技术和操作技能培训;作业人员转岗、离岗一年以上重新上岗前,均需进行项目部(队、车间)、班组安全教育培训,经考核合格后上岗工作。

项目安全教育和培训实行自行组织与委托外培相结合的原则,项目实现施工和管理人员受训率为 100%,特种作业人员经考核合格持证上岗率 100%。未经教育培训或者教育培训考核不合格的人员,不得上岗。

新入场的工人的三级安全教育是指公司级教育,项目部、分部(工区)级教育,工程队、班组级教育。三级安全教育不少于 24 学时,并建立三级教育档案。新入场的工人必须百分之百地进行安全教育,教育后要进行考试,成绩不合格的,要重新教育,直至合格,否则不准上岗。

5.3.1.1　公司级教育：

（1）讲解有关安全生产方针政策、法律法规和规章制度，讲解相关安全规程、规范和标准，讲解劳动保护的意义、任务、内容及基本要求，员工的安全生产权利和义务，使新员工树立"安全第一、预防为主"和"安全生产、人人有责"的思想。

（2）公司的安全生产情况，包括公司发展史（含安全生产发展史）、公司施工生产特点、安全文化、主要设备设施分布情况（着重介绍特种设备的性能、作用、分布和注意事项）、重大危险源及其易发部位，介绍一般安全生产防护知识、应急知识和电气、起重及机械方面安全知识，公司安全生产组织机构等。

（3）公司安全生产的经验和教育，结合公司和同行常见事故案例进行剖析讲解，阐明安全事故的原因及事故处理程序等，借鉴其他单位事故案例进行安全警示教育。

（4）提出希望和要求。如：要求受教育人员遵守安全生产奖罚规定积极工作；要树立"预防为主"的思想；在施工生产过程中努力学习安全技术、操作规程，经常参加安全生产经验交流、事故分析活动和安全检查活动；要遵守操作规程和劳动纪律，不擅自离开工作岗位，不违章作业，不随便出入危险区域及要害部位；要注意劳逸结合，正确使用劳动防护用品等。

公司级教育后要进行考试，成绩不合格者要重新教育，直至考试合格，否则不准上岗，公司级教育时间一般不少于8学时。

5.3.1.2　项目部级教育：

项目部级教育要根据本工程项目的特点，进行有针对性的安全教育。

（1）本项目的生产特点、性质。如：工程地质状况、重点和难点项目，人员结构，安全生产组织及活动情况；主要工种及作业中的专业安全技术和要求；现场危险区域、特种作业场所，有毒有害岗位情况，劳动防护用品穿戴要求及注意事项；事故多发部位、原因及相应的特殊规定和安全要求,事故应急救援、救助措施;常见事故安全的剖析,安全生产、文明施工的经验与问题等。

(2)根据本项目的特点,介绍施工方法和工艺、安全技术基础知识;重大危险源的分布及其辨识、整治措施、应急措施;相关事故应急救援预案等。

(3)消防、保卫、环保、防洪、文物保护等有关安全知识。

(4)有关安全生产和文明施工的法律法规与制度、措施、要求等。

项目部级教育经考试合格后方可上岗,建立教育考试台账,由总工程师、安全质量部负责人、技术主管负责实施,授课时间一般不少于 8 学时。

5.3.1.3　班组级教育:

施工队、作业班组是项目施工的第一线,由于操作人员活动和机械设备、施工机具的使用在施工队、作业班组,事故常常发生在施工队、作业班组,因此施工队、作业班组级安全教育非常重要。

(1)本作业班组的生产概况、特点、管区范围、作业环境、设备状况、消防设施等。重点介绍可能发生事故的各种危险源、危险因素及其部位,典型事故案例剖析讲解。

(2)本岗位使用的机械设备、施工器具的性能,防护装置的作用和使用方法;本工种安全操作规程和岗位责任及有关安全注意事项,岗位之间工作衔接配合的安全注意事项;本工程队、作业班组安全活动内容及作业场所的安全检查和交接班制度。

(3)常见安全事故隐患及其辨识,应急处理措施;事故报告程序及要求。

(4)劳动防护用品及其保管方法、文明施工的要求。

(5)实际安全操作示范,重点讲解安全操作要领、注意事项,讲述危险操作、违规操作的实例。

班组级教育的重点是岗位安全基础教育,经教育、考试合格后方可上岗,建立教育考试台账,由作业班组负责人负责组织实施,授课时间一般不少于8学时。安全操作方法和生产技术教育可由专职安全员、技术人员或带班师傅讲授。

5.3.1.4　其他安全教育和培训:

(1)入场培训。

入场培训是指进入一个新项目时进行的安全教育和培训,由项目部经理负责,安全质量部负责组织具体实施。所有进场人员(包括管理人员、正式员工和劳务工、临时工等)都必须进行入场教育、培训和考试,考试不合格的,要重新进行教育,否则不准上岗。

(2)开工前安全教育和培训。

每一单项工程开工前,项目部对参建员工进行针对该项工程的技术措施、施工方法和工艺、方案、质量标准的教育,以及重点、难点的安全技术、措施、应急救援的培训。开工前安全教育和培训由项目部安全质量部和工程部组织实施。

(3)转岗培训。

转岗培训是指从一个工种转到另一个工种要进行安全培训和考试,考试不合格的,要重新培训,否则不准进场上岗。由项目部安全质量部组织实施。

(4)特殊工种、特殊岗位教育。

对特殊工种和特殊岗位,由劳动部门或具有相关资质的部门进行培训,考试合格取得相关合格证或上岗证、操作证后,方可持证上岗。

项目部将特殊工种、特殊岗位教育纳入教育和培训计划,建立档案,进行动态管理。

特殊工种、特殊岗位包括爆破、电气焊、电工、压力锅炉操作工、架子工、管道工、塔吊起重工、钢筋工、混凝土工、木工、瓦工、抹灰工、油漆工、危爆物品押运员和保管员、机动车辆驾驶、机械设备操作、电气设备操作及营业线施工的防护员、驻站联络员、领工员等特殊的重要工种及岗位人员。

（5）日常教育和培训。

日常教育和培训是指在施工过程中进行的经常性教育和培训活动，按时间、单位、工种、分部分项工程、工序等分期、分批、分片进行安全注意事项的提醒教育。由项目部安全质量部、工程部和施工队负责组织进行，纳入安全教育培训计划，建立台账和记录，实行动态管理。

日常教育和培训可以利用板报、多媒体、广播、标语、课堂、会议、工前会、工后会等形式进行，内容包括文件、通知、通报、规章制度、作业标准、操作规程、施工方案、安全技术措施、安全技术交底、新工艺、新设备、新技术等的安全学习和培训。

（6）"四新"技术培训。

在采用新技术、新工艺、新设备、新材料时，应当对直接接触和从事该项工作的人员进行具体的方法、性能、规程、安全措施、注意事项等内容的培训，然后才能上岗。由项目部安全质量部和工程部组织实施。

（7）特定情况下的适时安全教育和培训。

在以下特定情况下，项目部和作业班组要进行有针对性的适时安全教育、培训：

①季节性，如冬季、夏季、雨雪天、汛台期施工。

②节假日前后。

③节假日加班或突击赶任务、工期。

④工作对象改变。

⑤发现事故隐患，或发生事故后等。

（8）安全技术交底。

安全技术交底作为一种特殊方式的安全教育培训，是将施工组织设计、安全技术措施、危险性较大的分部分项工程或作业项目的专项安全技术措施等相关要求逐级进行交底,直达作业层,项目部和施工队、作业班组必须严格执行。

5.3.1.5 培训计划:

(1)项目部安全质量部根据施工进度情况制订年度安全教育培训计划和组织实施工作。

(2)安全教育和培训计划的内容包括举办时间、内容及教材、形式、实施责任人、主讲人等。

5.3.1.6 教育培训的主要方法和形式:

(1)安全教育和培训的主要方法有课堂讲授法、实操演练法、案例研讨法、读书指导法、宣传娱乐法等。

(2)安全教育和培训的主要形式有各类安全生产业务培训班,安全生产会议、例会,事故分析会,安全活动日,安全知识竞赛,每天的班前班后会,宣传标语及标志,张贴安全生产的贴画等。

(3)项目部根据项目组织形式、人员结构、工程特点、施工进度、当前重点难点、教育和培训的内容等实际情况,确定教育和培训具体的方法和形式。

(4)涉及专业性较强或危险性较大的分部分项工程、特殊设备、大型设备的安全技术和知识、操作技能的培训,可邀请相应专家、专业人员或供应商专业人员、经验丰富员工负责讲授。

5.3.1.7 资料存档:

(1)在组织安全检查的同时检查安全教育和培训的实施情况,包括安全教育培训计划的执行情况、三级教育和其他安全教育培训的实施情况,教育和培训的签到和考试情况、档案或台账等。

(2)在安全教育和培训实施后,负责实施的部门或人员应组织进行教育培训效果的跟踪评估或检查,发现问题要进行分析,提出改进措施,在下一次教育、培训时进行改进,提高安全教育和培训效率与效果。

(3)项目部建立安全教育培训档案,收集并妥善保存各种安

全教育培训文档,包括以下几项:

　　①安全教育和培训计划;

　　②培训教材;

　　③培训签到表;

　　④培训考核记录(包括试卷和成绩单);

　　⑤其他相关资料。

　　5.3.2　特种作业人员接受规定的安全作业培训,并取得特种作业操作资格证书后上岗作业;特种作业人员离岗 6 个月以上重新上岗,应经实际操作考核合格后上岗工作。

　　新员工上岗前应接受三级安全教育培训,三级安全教育培训时间不少于 24 学时;在新工艺、新技术、新材料、新装备、新流程投入使用前,对有关管理、操作人员进行有针对性的安全技术和操作技能培训;作业人员转岗、离岗一年以上重新上岗前,均需进行项目部(队、车间)、班组安全教育培训,经考核合格后上岗工作。

　　5.3.3　每年对在岗的作业人员进行不少于 12 学时的经常性安全生产教育和培训。

5.4　其他人员教育培训

　　5.4.1　督促分包单位对员工按照规定进行安全生产教育培训,经考核合格后进入施工现场;需持证上岗的岗位,不安排无证人员上岗作业。

　　分包单位进场人员需提交的验证资料为分包单位安全生产教育培训检查记录、分包单位特种作业人员岗位证、分包单位管理人员安全生产考核合格证。

　　5.4.2　对外来参观、学习等人员进行有关安全规定、可能接触到的危险及应急知识等内容的安全教育和告知,并由专人带领做好相关的监护工作。

针对现场参观、学习人员编制安全教育内容，并保留危险告知记录，记录中要体现专人带领。

5.5　安全文化建设

5.5.1　安全文化的目标：

制订企业安全文化建设规划和计划，重视企业安全文化建设，营造安全文化氛围，形成企业安全价值观，促进安全生产工作。开展多种形式的安全文化活动，形成全体员工所认同、共同遵守、带有本单位特点的安全价值观，形成安全自我约束机制。

5.5.2　安全文化的内涵：

安全文化是指对安全的理解和态度是处理安全问题的模式和规则。站在社会角度看，它指对人生命的尊重、对人价值的评价和对事故的恐惧；站在企业角度看，它指一个组织在安全和健康方面的共有价值观；站在个人角度看，它指对他人、对家庭和对自身生命的责任感和价值观。

对于水利水电施工企业，社会层面的安全文化指的是行业的安全文化，企业层面的安全文化指的是施工企业的安全文化。行业的安全文化与企业层面的安全文化的关系密不可分。在一个行业里，大部分主流企业的文化构成了行业的文化。而企业的文化又离不开行业的特点。同时，施工企业是生产事故发生的主体。

5.5.3　安全文化的建设：

5.5.3.1　企业层面的安全文化建设。

从企业层面看，企业安全文化是企业对待安全的一种态度。在这个层面上，水利施工企业与其他行业的企业一样，应对自身的安全文化有个准确的定位。把安全和健康作为企业的核心价值之一，每位员工不仅要对自己的安全负责，而且也要对同事的安全负责。安全问题应该被拿到企业高层进行审查和讨论，安全责任落实到企业主要部门的负责人。要有一种鲜明的观点:安全并不只是出于满足政府或保险公司的要求,它对于企业的利润、发展以及信誉也非常重要。

5.5.3.2　项目层面的安全文化建设。

从项目层面看,由于水利施工企业总公司与项目所在地是分离的,所以现场安全管理的责任或者说能够有效进行安全管理的角色,主要由项目部承担。由于项目部的临时性和市场竞争日趋激烈,公司要求的安全措施并不一定能在项目上得到充分的落实,因此项目层面的安全文化与安全管理的关系更为紧密。一个有优秀安全文化的项目工地,应是一个在工期压力下仍然坚持安全生产、安全资源配置充分合理的工地。具体地讲,要求项目经理、项目中层管理者和员工三方在实际工作中体现出企业安全文化。

(1)项目经理层面。应在多种场合,包括会议上都表现出对安全的关注,确保安全经费的投入;在需要削减成本时不应削减安全支出;在安全和工期之间产生矛盾时仍应贯彻"安全第一"的原则。

(2)项目中层管理人员层面。项目中层管理人员指的是项目工地上负责指导和监督员工工作的人员,包括安全员、技术员、分包商的负责人、工长。中层管理人员是项目经理层和员工之间的桥梁。他们把企业和管理层的要求传达给员工,指导和监督员工安全地工作。同时,他们又负有把员工的要求反映给项目经理层的职责。中层管理者的行为和态度对于员工有相当大的影响,其安全态度和面对安全问题时的具体做法,往往最能体现出一个企业的安全文化。例如,当他们发现安全隐患又无法立即排除时,是选择停工避免事故发生,还是不顾员工安危,要求强行施工。又如,他们在进入工地时是否严格遵守各项安全规定,佩戴安全防护装备。

(3)员工层面。员工是安全施工的主体。事故发生的直接原因可以归纳为两点：人的不安全行为和物的不安全状态。发展企业安全文化的目的,也正是要帮助消除这种不安全的行为。企业的安全文化,最终要反映和落实在员工身上。当企业中所有员工都把安全当作生产的一部分,真正关心安全,这种企业安全文化才有实际意义。不但要求自己安全地工作,自觉地佩戴个人防护装备,而且留心他人在岗位上的不安全行为,并给予帮助。例如,当发现安全隐患时,应主动向上级报告。

5.3.4　安全文化的长期性：

企业安全文化的建设是软环境建设,是抽象的,长期才能看到其效果。水利施工企业应结合自身特点,归纳总结出适合自身的提高安全文化的方法。

第 6 章　施工设备管理

6.1　基础管理

　　6.1.1　施工单位应建立设施设备管理制度,包括购置、租赁、安装、拆卸、验收、检测、使用、保养、维修、改造和报废等内容。

　　6.1.2　施工单位应设置施工设施设备管理部门,配备管理人员,明确管理职责和岗位责任,对施工设施设备的采购、进场、退场实行统一管理。

　　施工设施设备管理部门是工程危险场所设施设备的安全监督管理部门。主要职责包括:

　　(1)负责贯彻落实国家有关设备管理的方针、政策、法律、法规、条例以及集团公司的相关规定,制定出结合公司实际的设备管理办法。

　　(2)负责建立设备技术档案、设备台账,掌握设备技术状况;机械资料整理存档和机械统计报表。

　　(3)监督施工设备安全准入的审查登记。

　　(4)监督各种设备队伍和人员准入的资质、资格审查登记。

　　(5)监督大型起重机安装拆除(以下简称安拆)、维修和作业方案的执行。

　　(6)负责施工设备安全技术状况的监督检查和施工队伍设备安全管理情况的监督检查;现场所用机械安全技术的日常巡检、抽查和月检,并留存机械检查记录、整改通知单、整改验收单、奖罚处理单、月检小结等;负责或参与重要机械安装、拆卸、现场维修、检验、使用过程中的安全控制监督。

(7)负责施工设备安全管理的考核和奖惩工作。

(8)参加一般以上设备事故的调查处理工作,进行设备事故的统计和报告;参与组织机械事故(无人身伤亡)和未遂机械事故的调查处理;参与机械事故造成人身伤亡事故的调查和处理。

(9)负责或参与重要机械施工危害辨识和风险评价及应急预案的编制。

6.1.3　施工现场所有设施设备应符合有关法律法规、标准规范要求;安全设施应与建设项目主体工程同时设计、同时施工、同时投入生产和使用。

设备管理要坚持全过程、全方位和全员管理的原则,坚持设计、制造和使用相结合,日常维护和计划检修相结合,专业管理与群众管理相结合,技术管理与经济管理相结合。

6.1.4　施工单位设施设备投入使用前,应报监理单位验收。验收合格后,方可投入使用。设施设备应做如下审查:

(1)审查施工设备准入条件,并登记造册,留存安全准用证复印件;进入施工现场设施设备的牌证应齐全、有效。

(2)负责审查设备队伍和人员准入的资质、资格(安拆、维修、使用、检验等)证件,并登记造册,留存复印件。

(3)负责审查重要施工设备的安拆、施工、吊装、试验、运输等方案和安全作业票。

(4)负责组织定期或不定期的现场设备安全技术状况检查和对重要设备方案实施的旁站监理。

(5)负责对违章、缺陷设备下达停止、整改、处罚等通知,负责整改验收并留存记录。

(6)负责设备安全监督控制资料的建立、收集、汇总和管理。

6.1.5　施工单位特种设备使用前,应经具备资质的检验机构检验,并按规定注册登记、进行定期检验。

特种设备是指涉及生命安全、危险性较大的锅炉、压力容器(含气瓶)、压力管道、电梯、起重机械、客运索道等。特种设备使用、管理应当严格执行国务院颁布的《特种设备安全监察条例》。

使用单位要建立特种设备安全管理小组,要有负责人,有安全管理人员。

使用单位每年制订技术监督计划,要对特种设备进行安全检测,在有效期届满前一个月向特种设备检验检测机构提出定期检验的要求,接到定期检验的通知后,做好检验工作,直到取得特种设备运行许可证。

6.1.6　使用单位要建立特种设备安全技术档案,主要内容包括:

(1)特种设备的设计文件、制造单位、产品质量鉴定证书、合格证明、使用维护说明等文件以及安装技术文件的资料;

(2)特种设备的定期检验和定期自行检查的记录;

(3)特种设备的日常使用状况记录;

(4)特种设备及其安全附件、安全保护装置、测量调检装置及有关附属仪器仪表的日常维护保养记录;

(5)特种设备的安装(拆除)单位应具备相应的资质,施工人员具备相应的能力和资格;

(6)安装完成后组织有关单位进行验收,也可以委托有相应资质的检验检测机构进行验收。使用承租的机械设备和施工机具及配件的,由施工总承包单位、分包单位、出租单位和安装单位共同验收,验收合格的方可使用。

6.1.7　施工单位应建立设施设备的安全管理台账,施工设备管理部门负责对各项目部及各部门的设备、设备资料进行检查、考核。定期组织机械设备操作人员、维护人员进行技术培训,培训内容包括理论学习、实际操作、故障排除。台账包括但不限于以下内容：

(1)来源、类型、数量、技术性能、使用年限等信息；

(2)设施设备进场验收资料；

(3)使用地点、状态、责任人及检测检验、日常维修保养等信息；

(4)采购、租赁、改造计划及实施情况。

施工单位下属项目部必须对所属设备建立设备基本台账、履历书、技术资料、运行记录、维修记录和缺陷记录、施工设备安全检查记录、施工设备相关证书等；做到账、卡、物相符，及时记录设备增减情况。每月核查一次，包括账目、实物，及时发现问题、查明原因、明确责任。设施设备管理部门定期或不定期地对各项目部进行检查，包括账、物及各种记录。

6.1.8　施工单位应在特种设备作业人员(含分包商、租赁的特种设备操作人员)入场时确认其证件的有效性，经监理单位审核确认，报项目法人备案。

特种设备使用管理规定：

(1)特种设备出现故障或者发生异常情况时，应当对其进行全面检查，消除事故隐患后，方可重新投入使用；

(2)要制订好特种设备的事故应急措施和救援预案；

(3)特种设备作业人员，应该持证上岗，无证不得上岗；

(4)应当对特种设备作业人员进行特种设备安全教育的培训；

(5)特种设备的作业人员在作业中，应该严格执行特种设备的操作规程和有关的安全规章制度；

(6)特种设备作业人员，在作业过程中发现事故隐患或者其他不安全因素时，应当立即停止作业并向安全管理人员和基层单位负责人报告；

(7)各单位安全管理员或者单位负责人应经常对特种设备的使用进行检查,发现问题立即采取措施,并及时上报公司工程部;

(8)使用单位对特种设备管理不严、违反安全管理制度、发生事故的,根据情节的轻重,承担相应责任。

6.1.9 监测、测量设备管理工作的原则:

对在用的监测、测量及试验的仪器设备,进行有效的控制、校验及维护,以确保检验、测量及试验仪器设备的测量能力符合测量要求,从而保证工程质量符合要求。

施工单位设施设备管理部门为监测、测量设备的归口管理部门,负责以下工作:

(1)负责对监测、测量设备的定期外送校准,定期校准的年限依照国家相关规定,一般为一年;

(2)负责对偏离校准状态的监测、测量设备的追踪处理;

(3)负责对监测和测量设备记录的管理;

(4)负责建立《监视和测量设备履历卡》记录设备的编号、名称、规格型号、精度等级、生产厂家、校准周期、校准日期、放置地点等,并填写《监视测量设备一览表》;

(5)负责监测、测量设备的入库保管及调配使用。

监测和测量设备使用规定如下:

(1)使用者应严格按照使用说明书或操作规程使用设备,确保设备的测量和监测能与要求一致,防止发生可能使校准失效的调整,使用后需清理干净进行适当的维护和保养。

(2)在使用监测、测量设备前,应按规定检查设备是否工作正常,是否在校准有效期内。

(3)使用者在监测、测量设备的搬运、维护和储存过程中,要遵守使用说明书和操作规程,防止其损坏或失效。

(4)发现监测、测量设备偏离校准状态时,应停止监测工作,及时报告工程部,并应追查使用该设备监测、测量的产品的流向,评价以往监测结果的有效性,确定重新监测的范围进行重新检测。工程部组织对设备故障进行分析、维修并重新校准,采取相应的纠正措施。对无法修复的设备,经工程部确认后,报主管领导批准报废或作相应处理。

(5)监测、测量设备的使用人员必须进行相应的培训,经考核合格后,方可上岗。

(6)在外使用期超过一年的监测、测量设备由设备使用单位负责外送校准。

6.1.10 项目法人、监理单位应定期对施工单位施工设施设备安全管理制度执行情况、施工设施设备使用情况、操作人员持证情况进行监督检查,规范对施工设备的安全管理。

6.2 运行管理

6.2.1 施工单位在设施设备运行前应进行全面检查;运行过程中应定期对安全设施、器具进行维护、更换,每月应对主要施工设施设备安全状况进行一次全面检查(包含停用一个月以上的起重机械在重新使用前),并做好记录,确保其运行可靠。

在用设备必须建立操作规程、保养记录、运行记录、岗位责任制等有关运行使用制度。

设备操作人员要严格执行设备安全操作规程,严格执行"三检制"、"例行保养"和"二级保养"制度,坚持定期实行强制性保养,季节变化时要及时对机械实行换季保养。

设备操作人员必须经过专业培训,经考试合格,取得上岗证,熟悉本设备性能后,方能上岗操作,并坚持持证上岗。

机械设备坚持定机、定人,机械设备要有专人管理,使设备保持良好状态。

项目法人、监理单位应定期监督检查设施设备的运行状况、人员操作情况、运行记录。

6.2.2 施工单位设施设备运行管理必须做到：

(1)在使用现场明显部位设置设备负责人及安全操作规程定置标牌；

(2)在负荷范围内使用施工设施设备；

(3)基础稳固,行走面平整,轨道铺设规范；

(4)制动可靠、灵敏；

(5)限位器、联锁联动、保险等装置齐全、可靠、灵敏；

(6)灯光、音响、信号齐全可靠,指示仪表准确、灵敏；

(7)在传动转动部位设置防护网、罩,无裸露；

(8)接地可靠,接地电阻值符合要求；

(9)使用的电缆合格,无破损；

(10)各种设施设备应履行安装验收手续。施工设备的安装应由具备相应安装实力和安装资质的单位进行。

6.2.3 特种设备的安装(拆除),改造单位应当具备下列条件,并取得经国务院特种设备安全监督管理部门许可,方可从事相应的活动。

(1)施工单位要建立特种设备安全管理小组,要有负责人,有安全管理人员。

(2)施工单位要建立如下特种设备安全技术档案：

①特种设备的设计文件、制造单位、产品质量鉴定证书、合格证明、使用维护说明等文件以及安装技术文件的资料；

②特种设备的定期检验和定期自行检查的记录；

③特种设备的日常使用状况记录；

④特种设备及其安全附件、安全保护装置、测量调检装置及有关附属仪器仪表的日常维护保养记录。

(3)施工设备安装前,设备安装单位应根据相关技术标准、规范和设备制造厂的安装使用维修说明书,结合安装现场的实际情况,编制详细的安装施工方案,并履行相关的审批程序后方可实施。

(4)在安装过程中,应按照安装安全技术方案组织实施,并按规定进行自检、旁站监督。

(5)安装完成后应按照相关技术标准、规范和设备生产厂家的技术要求进行负荷试验和竣工验收,经验收合格后,方能投入使用。

(6)竣工验收后,设备安装单位应将设备相关技术资料移交使用单位,并按照要求履行安装质保承诺。

(7)特种设备使用管理规定如下:

①特种设备出现故障或者发生异常情况应当对其全面检查,消除事故隐患后,方可重新投入使用;

②要制订好特种设备的事故应急措施和救援预案;

③特种设备作业人员,应该持证上岗,无证不得上岗;

④应当对特种设备作业人员进行特种设备安全教育的培训;

⑤特种设备的作业人员在作业中,应该严格执行特种设备的操作规程和有关的安全规章制度;

⑥特种设备作业人员,在作业过程中发现事故隐患或者其他不安全因素,应当立即停止作业并向安全管理人员和单位负责人报告;

⑦各单位安全管理员或者单位负责人应经常对特种设备的使用进行检查,发现问题立即采取措施,并及时上报公司有关部门;

⑧使用单位对特种设备管理不严、违反安全管理制度、发生事故的,应根据情节的轻重,承担相应责任。

6.2.4 施工单位应根据作业场所的实际情况,按照有关规范规程及企业内部规定,在有较大危险性的作业场所和设备设施上,设置明显的安全警示标志,告知危险的种类、后果及应急措施等。

施工单位应在设施设备检查维修、施工、吊装、拆卸等作业现场设置警戒区域和警示标志,对现场的坑、井、洼、沟、陡坡等场所设置围栏和警示标志。

施工单位应对所有设备的润滑进行定点、定质、定时、定量、定人管理,并做好记录。

严格执行设备维护、检修规程,认真进行以"清洁、润滑、紧固、调整、防腐"为主要内容的设备日常保养工作,重点为润滑系统,确保油位达标、油质良好,不足立即补足,质差及时更换。

要求设备外观整洁,无严重漏油点,各油嘴齐全完整,畅通有效,关键部位螺栓紧固不松,冷却水清洁,避免因例行保养问题出现故障停机。

6.2.5　严格执行设备交接班制度,设备交接工作应在下班前半小时完工,不得影响接班人员按时作业。因设备存在缺陷或不安全因素接班人不同意接班,当班人不得强行离岗,发生争执以工作为主,听从现场指挥,事后处理不得因交接问题影响正常工作。

设备交接必须在岗位进行,不得以任何理由离岗交接。现场交接需逐项进行,包括例保交接、机况交接、资料交接、安全交接、工器具交接,完备交接手续,做好交接记录。

6.2.6　施工单位现场的木加工、钢筋加工、混凝土加工场所及卷扬机械、空气压缩机必须搭设防砸、防雨棚。

施工现场的氧气瓶、乙炔瓶应与其他易燃气瓶、油脂等易燃、易爆物品分别存放,且不得同车运输。氧气瓶、乙炔瓶应有防震圈和安全帽,不得倒置,不得在强烈日光下暴晒;氧气瓶不得用吊车吊转运。

6.2.7　施工单位应制订设施设备检维修计划,检维修前应制订包含作业行为分析和控制措施的方案,检维修过程中应采取隐患控制措施,并监督实施。

施工单位严格执行分级保养制度,做好设备的运行台时统计,及时上报月度检修以及年度大修计划。

安全设施设备不得随意拆除、挪用或弃置不用;确因检查维修拆除的,应采取临时安全措施,检查维修完毕后立即复原。

检查维修结束后应组织验收,合格后方可投入使用,并做好维修保养记录。

施工起重机械、缆机等大型施工设备达到国家规定的检验检测期限的,必须经具有专业资质的检验检测机构检测。经检测不合格的,不得继续使用。

6.2.8 施工单位应执行生产设备报废管理制度,设备存在严重安全隐患,无改造、维修价值,或者超过规定使用年限的,应及时报废;已报废的设备应及时拆除,或退出施工现场。

凡具备下列情况之一者可以更新:

(1)主要生产设备使用年限达到部颁标准,技术落后,效率低劣的;

(2)修理间隔期(大修周期)短,故障率高,虽经大修仍运行不稳定或满足不了工艺要求的;

(3)通过修理虽能恢复精度,但修理费用过高,不经济的;

(4)能耗大、污染环境,危害人身安全与健康,不能改造或改造不经济的;

(5)国家或有关部门限期淘汰的设备,应当按期更新,并加强对此类在用设备的安全检查和检验。

机械设备凡具备下列情况之一者,可申请报废:

(1)燃油消耗高于规定标准的 30% 以上,又无条件通过改造降低消耗的;

(2)设备严重损坏(包括事故损坏)技术上无条件修复或虽能修复,但一次修理费用超过设备原值(市场价格的 50% 以上者);

(3)超过规定的使用年限,型号老旧,且老化件供应无来源者;

(4)技术性能低劣,不堪使用或不能保证生产安全者;

（5）由于工程项目停建或施工工艺变更无法作为他用，且修理不了的专用设备。

6.2.9 施工单位在拆除大型设备设施时，应遵守下列规定：

（1）需要拆除的施工设备，在拆除作业前，应制订安全可靠的拆除计划和方案，报监理单位审批，并进行安全技术交底，办理拆除设施交接。

（2）施工设备的拆除应由具备相应安装资质的单位进行，特种设备的拆除须经取得国务院特种设备安全监督管理部门许可资质的安装单位承担，拆除施工结束后要填写拆除验收记录。

（3）拆除作业开始前，应对风、水、电等动力管线妥善移设、防护或切断，拆除作业应自上而下进行，严禁多层或内外同时拆除。

（4）拆除过程应确定施工范围和警戒范围，进行封闭管理，由专业技术人员现场监督。

（5）对使用、存储易燃易爆危险化学品的施工设备的拆除，应制订可靠的拆除处置方案，对拆除工作进行安全风险评估，针对存在的风险，制订相应的防范措施和应急救援预案。

（6）报废的设备要及时拆除并退出施工现场，严禁擅自留用或出租，防止引发安全事故。

6.2.10 在租赁设备时，应对设备租赁单位进行认真考察和技术、环保、安全、经济论证。选择具有相应资质、施工装备实力强、商业信誉佳、经营状况好、管理能力强、价格合理的设备租赁单位。

施工单位使用外租施工设备设施时，须签订租赁合同和安全协议书，明确出租方提供的施工设施设备应符合国家相关的技术标准和安全使用条件，确定双方的安全责任，并需提供设备权所有人身份证、操作人员操作证、设备合格证、设备购置发票证明资料。外租设备必须由出租方配齐操作人员，大型主要施工设备保证2人以上，满足现场24小时作业条件，严禁使用内部员工操作外租设备。

租用方负责定期组织机械、安全质量管理部门对租入设备过程使用情况进行检查并记录,重点是设备技术状况、安全性的检查,发现问题立即通知出租方整改,发现安全隐患的立即停机,确保设备安全生产。

在租赁开始前,租用单位主管领导组织相关部门参加,成立技术鉴定小组,共同对租赁设备进行技术状况、安全性能评估鉴定,同时检查机械设备出厂合格证书、检验资料、相关手续、随机操作人员的资格证件是否齐全有效,确保出租设备各项性能指标符合运行要求。

设备出租后,设备管理单位必须委派管理人员、运行人员随机前往,工作中要尽职尽责,严格执行设备操作和保养制度,及时准确地填写运行记录、保养记录和维修记录。

设备租赁期间,严格按合同执行,如遇合同条款出现争议或变更时,应制定补充条款,并报相关部门会审批准备案。

设备租赁期满后,应将出租设备及时收回,并对设备进行一次技术鉴定,由承租方承担对损坏部位的修复责任。此项条款须在租赁合同中予以约定。

第7章 作业安全

7.1 现场管理和过程控制

7.1.1 施工现场管理

施工总体布局与分区合理,规范有序,符合国家安全文明施工、交通、消防、职业卫生、环境保护等有关规定。

施工道路完好通畅,消防设施齐全完好;施工、办公和生活用房严格按规范建造,无乱搭乱建;风、水、电管线,通信设施,施工照明等布置合理规范;现场材料、设备按规定定点存放,摆放有序,并符合消防要求;及时清除施工场所废料或垃圾,做到"工完、料尽、场地清";设施设备、安全文明施工、交通、消防及紧急救护标志、标志清晰、齐全;施工现场卫生、急救、保健设施满足需求;施工生产区、生活区、办公区环境卫生符合有关规定。

检查点:五牌两图(工程概况、管理人员名单及监督电话、消防保卫、安全生产、文明施工等标牌和安全管理网络图、施工现场平面图),标志制作、安装整齐,道路平整、无扬尘,标志设施齐全,配备消防设施符合规范,施工区、办公区、生活区区域划分清晰,设施配备齐全,用电规范,保持卫生,物料摆放整齐、规范,临时管线规范,急救、保健设施满足要求。

在施工现场入口处,施工起重机械、临时用电设施、脚手架、出入通道口、楼梯口、电梯井口、孔洞口、桥梁口、隧道口、基坑边缘、爆破物及有害危险气体和液体存放处等危险部位,设置明显的安全警示标志。安全警示标志必须符合国家标准。

各种施工设施、管道、线路等应符合防洪、防火、防爆、防雷击、防砸、防坍塌及职业卫生等要求。

存放设备、材料的场地应平整牢固,设备材料存放应整齐稳固,周围通道宽度不宜小于 1 m,且应保持畅通。

7.1.2　施工技术管理

对施工现场安全管理和施工过程的安全控制进行全面策划,编制安全技术措施,并进行动态管理;达到一定规模的危险性较大的工程应编制专项施工方案,超过一定规模的高边坡、深基坑、地下暗挖工程、高大模板工程等危险性较大工程编制的专项施工方案,应组织专家进行论证、审查;施工组织设计、施工方案等技术文件的编制、审核、批准、备案规范;施工前按规定分层次进行施工组织设计、施工方案交底,并在交底书上签字确认;专项施工方案实施时安排专人在现场旁站监督。

7.1.2.1　安全专项施工方案管理制度

安全专项施工方案(以下简称"专项方案"),是指在编制实施性施工组织设计的基础上,针对危险性较大的分部分项工程单独编制的安全技术措施文件。安全专项施工方案是施工组织设计不可缺少的组成部分,是施工组织设计的细化、完善、补充,且自成体系。安全专项施工方案应重点突出分部分项工程的特点、安全技术要求、特殊质量要求,重视施工技术与安全技术的统一。

7.1.2.1.1　编制安全专项施工方案的范围及其内容

(1)危险性较大的分部分项工程在施工前,项目部必须组织编制专项方案。

危险性较大的分部分项工程是指在施工过程中存在可能导致作业人员群死群伤或造成重大不良社会影响的分部分项工程。危险性较大的分部分项工程范围见表 7.1-1。

表 7.1-1 危险性较大的分部分项工程范围

1 基坑支护、降水工程 开挖深度超过 3 m(含 3 m)或虽未超过 3 m 但地质条件和周边环境复杂的基坑(槽)支护、降水工程
2 土方开挖工程 开挖深度超过 3 m(含 3 m)的基坑(槽)的土方开挖工程
3 隧道及地下工程,城市地下工程及遇有溶洞、暗河、瓦斯、岩爆、涌泥、断层等地质复杂的隧道工程
4 模板工程及支撑体系
4.1 各类工具式模板工程,包括大模板、滑模、爬模、飞模等工程
4.2 混凝土模板支撑工程:搭设高度为 5 m 及以上;搭设跨度为 10 m 及以上;施工总荷载为 10 kN/m^2 及以上;集中线荷载为 15 kN/m^2 及以上;高度大于支撑水平投影宽度且相对独立无联系构件的混凝土模板支撑工程
4.3 承重支撑体系:用于钢结构安装等满堂支撑体系
5 起重吊装及安装拆卸工程
5.1 采用非常规起重设备、方法,且单件起吊重量在 10 kN 及以上的起重吊装工程
5.2 采用起重机械进行安装的工程
5.3 起重机械设备自身的安装、拆卸
6 脚手架工程
6.1 搭设高度为 24 m 及以上的落地式钢管脚手架工程
6.2 附着式升降脚手架,包括整体提升与分片提升
6.3 自制卸料平台、移动操作平台工程
6.4 新型及异型脚手架工程

续表 7.1-1

| 7 　拆除、爆破工程 |
| 7.1　建筑物、构筑物拆除工程 |
| 7.2　采用爆破拆除的工程 |
| 7.3　洞室爆破工程、控制爆破工程和大型爆破工程 |
| 8 　其他 |
| 8.1　建筑幕墙安装工程 |
| 8.2　钢结构、网架和索膜结构安装工程 |
| 8.3　人工挖扩孔桩工程 |
| 8.4　地下暗挖、顶管及水下作业工程 |
| 8.5　预应力工程 |
| 8.6　6 m 以上的高边坡施工 |
| 8.7　采用新技术、新工艺、新材料、新设备及尚无相关技术标准的、危险性较大的分部分项工程 |

（2）专项方案编制应当包括以下内容：

①工程概况：危险性较大的分部分项工程概况、施工平面布置、施工要求和技术保证条件。

②编制依据：相关法律、法规、规范性文件、标准、规范及图纸（国标图集）、实施性施工组织设计等。

③施工计划：包括施工进度计划、材料与设备计划。

④施工工艺技术：技术参数、工艺流程、施工方法、检查验收等。

⑤安全保证措施：组织保障（包括安全责任分解）、安全技术措施、管理措施、安全检查和评价方法等。

⑥劳动力计划：专职安全生产管理人员、特种作业人员等。

⑦设计计算书和设计施工图等相关图纸、文件。

7.1.2.1.2 安全专项施工方案的编制、论证与审批

(1)在危险性较大的分部分项工程施工前,项目部、工程部应组织该分部分项工程的主管工程师、专业技术人员和安全质量部、物资设备部编制专项方案。初稿完成后,组织相关人员讨论、研究修改,形成正式文件,技术负责人签字。不需专家论证的专项方案,经项目部审核合格后报监理单位,监理单位审核合格后由项目总监理工程师审批签字,即可组织实施。

(2)对于超过一定规模的、危险性较大的分部分项工程,项目部应当组织专家对专项方案进行论证。超过一定规模的危险性较大的分部分项工程范围见表7.1-2。

表7.1-2 超过一定规模的危险性较大的分部分项工程范围

1 深基坑工程
1.1 开挖深度超过5 m(含5 m)的基坑(槽)的土方开挖、支护、降水工程
1.2 开挖深度虽未超过5 m,但地质条件、周围环境和地下管线复杂,或影响毗邻建筑(构筑)物安全的基坑(槽)的土方开挖、支护、降水工程
1.3 地下三层以上(含三层)
2 隧道及地下工程 城市地下工程及遇有溶洞、暗河、瓦斯、岩爆、涌泥、断层等地质复杂的隧道工程
3 模板工程及支撑体系
3.1 工具式模板工程,包括滑模、爬模、飞模工程
3.2 混凝土模板支撑工程:搭设高度为8 m及以上;搭设跨度为18 m及以上,施工总荷载为15 kN/m^{2}及以上;集中线荷载为20 kN/m^{2}及以上

续表 7.1-2

3.3　承重支撑体系;用于钢结构安装等满堂支撑体系,承受单点集中荷载 700 kg 以上
4　起重吊装及安装拆卸工程
4.1　采用非常规起重设备、方法,且单件起吊重量在 100 kN 及以上的起重吊装工程
4.2　起重量在 300 kN 及以上的起重设备安装工程;高度在 200 m 及以上的起重设备的拆除工程
5　脚手架工程
5.1　搭设高度在 50 m 及以上的落地式钢管脚手架工程
5.2　提升高度在 150 m 及以上的附着式整体和分片提升脚手架工程
5.3　架体高度在 20 m 及以上的悬挑式脚手架工程
6　拆除、爆破工程
6.1　采用爆破拆除的工程
6.2　可能影响行人、交通、铁路运营线、公路既有线、电力设施、通信设施或其他建(构)筑物安全的拆除工程、爆破工程
6.3　洞室爆破工程、控制爆破工程和大型爆破工程
6.4　文物保护建筑、优秀历史建筑或历史文化风貌区控制范围的拆除工程
7　其他
7.1　施工高度在 50 m 及以上的建筑幕墙安装工程
7.2　30 m 及以上的高空作业的工程
7.3　跨度大于 36 m 的钢结构安装工程;跨度大于 60 m 的网架和索膜结构安装工程
7.4　开挖深度超过 16 m 的人工挖孔桩工程
7.5　采用新技术、新工艺、新材料、新设备及尚无相关技术标准的危险性较大的分部分项工程

下列人员应当参加专家论证会：

①专家组成员应当由 5 名及以上符合相关专业要求的专家组成，项目参建各方的人员不得以专家身份参加专家论证会；

②建设单位项目负责人或技术负责人；

③监理单位项目总监理工程师及相关人员；

④项目部总工程师、安全总监理工程师、专项方案编制人员、安全质量部负责人、安全工程师、专职安全员；

⑤勘察、设计单位项目技术负责人及相关人员。

（3）专家论证的主要内容：

①专项方案内容是否完整、可行；

②专项方案计算书和验算依据是否符合有关标准规范；

③安全施工的基本条件是否满足现场实际情况。

（4）专项方案经论证后，专家组应当提交论证报告，对论证的内容提出明确的意见，并在论证报告上签字，或者填写《危险性较大的分部分项工程专家论证表》（见表 7.1-3），并签字。该报告或论证表作为专项方案修改完善的指导意见。

（5）专项方案经论证后需做重大修改的，项目部按照论证报告修改，并重新组织专家进行论证。

（6）超过一定规模的、危险性较大的分部分项工程专项方案，项目部根据专家论证意见（或者业主、监理单位有要求和规定的专项方案）修改完善专项方案后，报集团公司安全质量部。集团公司安全质量部组织施工技术、设备运输等部门审核，审核合格后报集团公司总工程师审批、签字，并经项目总监理工程师、建设单位项目负责人签字后，方可组织实施。

表7.1-3 危险性较大的分部分项工程专家论证表

危险性较大的分部分项工程专家论证表	编号	
工程名称		

总承包单位		项目负责人	
分包单位		项目负责人	

危险性较大分项工程名称	

专家一览表

姓名	性别	年龄	工作单位	职务	职称	专业

专家论证意见：

　　年　　月　　日

专家签名	组长(签字)： 专家(签字)：
项目部	(章)：　年 月 日

(7)审核不合格的,由项目部根据审核意见进行修改、完善

后,重新上报审核、审批。

7.1.2.1.3 安全专项施工方案的实施

(1)项目部必须严格按照批准的专项方案组织施工,不得擅自修改、调整专项方案。

如因设计、结构、外部环境等因素发生变化确需修改的,只需对原文进行局部修改的,应把修改内容进行记录;需要作较大调整或修改内容多的,修改后的专项方案应当按上述程序重新审核批准;对于超过一定规模的危险性较大工程的专项方案,应当重新组织专家进行论证。

(2)专项方案实施前,编制人员或技术负责人、技术主管应当向现场管理人员和作业人员逐级进行安全技术交底。

(3)项目部的安全监督责任人负责对专项方案实施情况进行现场监督。发现不按照专项方案施工的,应当要求其立即整改;发现有危及人身安全紧急情况的,应当立即组织作业人员撤离危险区域。

(4)项目部总工或工程部长、技术主管应当定期巡查专项方案实施情况。

7.1.2.2 安全技术交底制度

7.1.2.2.1 安全技术交底内容

(1)工程地质条件与水文条件;

(2)项目主要施工方法和措施;

(3)重难点工程及其施工技术方案;

(4)项目风险分析及其应对措施、方案、预案;

(5)项目施工安全目标及安全控制要点;

(6)项目安全保证措施;

(7)危险源及控制措施;

(8)施工作业中安全注意事项;

(9)易发事故的预防措施;

（10）相关事故的处理、紧急救护措施；

（11）相关岗位的安全规程要点；

（12）岗位间工作衔接、配合安全注意事项；

（13）安全防护用品的正确使用方法，所操作机械设备、工具、器具的安全使用要求；

（14）季节变化需要注意的安全事项；

（15）相关安全技术规范、规程；

（16）采用的新技术、新结构、新材料和新的施工方法；

（17）其他与施工安全相关的技术和注意事项。

安全技术交底的内容要突出重点，要有针对性，与施工进度、工程实际地质条件、重点难点等情况紧密结合，紧密联系工程实际，从而使安全技术交底切实可行。

7.1.2.2.2　安全技术交底实施

（1）安全技术交底的时间和执行人：

①在工程开工前，由项目总工或工程部、材料部、安全质量部的管理人员负责向作业工人做严格的安全技术交底，做到没有交底不准施工。

②涉及专业性较强的工程，可以指定专业工程师或主管工程师执行交底。

③安全技术交底可根据实际情况与技术交底同时进行，以会议形式进行交底的，必须做详细的会议纪要，包括参会人员、日期、内容及会议决定，并附会议签到手续表，签到表必须由本人填写，严禁代签。

④在施工过程中，可根据实施需要增加交底次数或适当调整交底时间安排，但不得随意取消安全技术交底。

（2）对重点工程的关键部位及风险较大的特殊工程除了以书面的形式进行安全技术交底，还应请专家进行分析讲解，并制订专项安全施工方案，以确保施工作业的安全进行。

（3）安全技术交底采用书面方式，填写详细的《安全技术交底书》，办理交接签字手续。交底书必须妥善保存，接受安全监督责任人的监督检查。

（4）交底书的制作应仔细认真，文字配图进行，交底书的内容应通俗易懂，交底书的字迹应工整，图文规范，安全技术交底应编号整理成册，以便存档和日后查找。

（5）工程技术和安全管理人员在书面交底并讲解后，应随时检查其落实情况，发现有违章现象，应及时制止和纠正，达到交底效果得以贯彻执行的目的。

（6）作业班组接受交底后，班组长必须组织班组成员认真学习和执行。对交底的要点、工艺流程、易发事故的预防措施、应急措施、注意事项等，采取"工前培训、工中指导、工后讲评"等形式反复学习与讨论。

7.1.3　安全防护设施管理

临边、沟、坑、孔洞、交通梯道等危险部位的栏杆、盖板等设施齐全、牢固可靠；高处作业等危险作业部位按规定设置安全网等设施；施工通道稳固、畅通；垂直交叉作业等危险作业场所设置安全隔离棚；机械、传送装置等的转动部位安装可靠的防护栏、罩等安全防护设施；临水和水上作业有可靠的救生设施；暴雨、台风、暴风雪等极端天气前后组织有关人员对安全设施进行检查或重新验收。

7.1.4　施工用电管理

按规定编制施工现场临时用电方案及安全技术措施，并经验收合格后投入使用；施工用电配电系统、配电箱、开关柜符合相关规定；自备电源与网供电源的联锁装置安全可靠；电气设备的金属外壳及铆工、焊工的工作平台和铁制的集装箱式办公室、休息室、工具间等均按规范装设接地或接零保护；轨道式起重机械的轨道较长时应每隔 20 m 分段接地；施工现场内的起重机、井字架及龙门架等在相邻建筑物、构筑物的防雷装置的保护范围以外,应设置防雷装置,防雷设施接地电阻满足相关要求;施工照明满足作业需要及规范要求;定期对接地、接零保护和防雷装置进行检测,对施工用电设施进行检查。

标准化工作应有的制度和记录:

(1)施工用电经验收合格后投入使用。

(2)定期对接地、接零保护和防雷装置进行检测,对施工用电设施进行检查。

(3)施工用电配电系统符合"三级配电、两级保护"或"一机、一闸、一保护"要求。

(4)用电线路架设规范,特别是线不能用裸线,穿路、桥等建筑物要规范,进而线路各相颜色要符合要求。

(5)自备电源与网供电源有可靠的联锁装置。

(6)生活区照明、洞室作业照明符合规范要求。

7.1.5　施工脚手架管理

制定脚手架搭设(拆除)、使用管理制度;大型脚手架、承重脚手架、特殊形式脚手架应经专门设计、方案论证,并严格执行审批程序;脚手架、脚手板的选材应符合规范要求;脚手架搭设(拆除)应按审批的方案进行交底。

按审批的方案和规程规范搭设(拆除)脚手架,脚手架经验收合格后挂牌使用;在用的脚手架应定期检查和维护;在暴雨、台风、暴风雪等极端天气前后组织有关人员对脚手架进行检查或重新验收。

提示:要编制脚手架搭设(拆除)、使用管理制度。

标准化工作应有的制度和记录:方案及审批、论证,验收及挂牌,极端天气前后的检查和维护记录。

7.1.6　防洪度汛管理

有防洪度汛要求的工程应编制防洪度汛方案和超标准洪水应

急预案;成立防洪度汛的组织机构和防洪度汛的抢险队伍,配置足够的防洪度汛物资,并组织演练;施工进度应满足防洪度汛方案及超标准洪水应急预案要求。

应开展防洪度汛专项检查,及时整改发现的问题;应建立畅通的水文气象信息渠道;应建立防洪度汛值班制度,并记录齐全。

标准化工作应有的制度和记录:

(1)防洪度汛值班制度及值班记录。

(2)防洪度汛方案。

(3)超标准洪水应急预案。

(4)成立防洪度汛的组织机构和防洪度汛的抢险队伍的批文。

(5)预案演练记录,结果要有评价,需要改进的要有修订记录,并重新发布,预案每年发布一次、演练一次。

(6)防洪度汛专项检查记录。

(7)防洪度汛物资。

7.1.7　交通安全管理

制定交通安全管理制度;施工现场道路符合规范要求,交通安全防护设施齐全可靠,警示标志齐全完好;大型设备运输或搬运制定专项安全措施;定期对机动车辆检测和检验,保证机动车辆车况良好;现场机动车辆行驶时驾驶室外及车厢外不得载人,客用车辆不得超员行驶;车辆在施工区内应限速行驶;定期组织驾驶人员培训,严格驾驶行为管理。

标准化工作应有的制度和记录:

(1)道路平整、无扬尘,路边要有警示牌和防撞墩,陡坡、急弯要有应急设施和警示标志、限速标志。

(2)当与市政或公路交叉时,要有交通导航方案并报当地道路管理部门、市政管理部门批准;施工区域内有交叉时,要有导航设施或专人指挥。

7.1.8　消防安全管理

制定消防管理制度,建立健全消防安全组织机构,落实消防安全责任制,建立防火重点部位或场所档案;仓库、宿舍、加工场地及重要设备旁配有足够的灭火器材等消防设施设备,并建立消防设施设备台账;消防设施设备有防雨、防冻措施,并定期进行检查、试验,确保设施完好;防火重点部位或场所以及禁止明火区需动火作业时,严格执行动火审批制度;组织开展消防培训和演练。

标准化工作应有的制度和记录:

(1)消防管理制度。

(2)建立消防设施设备台账。

(3)防火重点部位或场所档案。

(4)防火重点部位或场所及禁止明火区动火作业严格执行动火审批制度。

(5)组织开展消防培训和演练,每年组织至少一次。

7.1.9　易燃易爆危险化学品管理

易燃易爆危险化学品运输应符合相关规定;现场存放炸药、雷管等,应得到当地公安部门的许可,并分别存放在专用仓库内,指派专人保管,严格领、退制度;氧气、乙炔、油品等危险品仓库屋面采用轻型结构,并设置气窗及底窗,门、窗向外开启;有避雷及防静电接地设施,并选用防爆电器;氧气瓶、乙炔瓶应放置平稳,不得靠近热源或在太阳下暴晒,并满足与明火的距离不小于 10 m 的要求;运输易燃易爆等危险物品,应按当地公安部门的有关规定提出申请,经批准后方可进行。

标准化工作应有的制度和记录:

(1)许可证应由当地公安部门出具。

(2)易燃易爆危险化学品运输符合相关规定。

(3)现场存放炸药、雷管等易燃易爆品得到当地公安部门许可。

（4）易燃易爆危险化学品仓库结构或通风条件满足要求。

（5）安装有避雷及防静电接地设施。

（6）选用防爆电器。

（7）炸药、雷管等严格执行领、退料制度。

（8）现场无乙炔瓶卧放；氧气瓶、乙炔瓶放置平稳；无靠近热源或在太阳下暴晒；满足安全距离。

（9）现场用煤气、液化气罐等也应符合相关规定。

7.2　作业行为管理

7.2.1　高边坡或基坑作业

施工前，在地面外围设置截、排水沟，并在开挖开口线外设置防护栏；排架、作业平台搭设稳固，底部生根，杆件绑扎牢固，跳板满铺，临空面设置防护栏杆和防护网；自上而下清理坡顶和坡面松渣、危石、不稳定物体，不在松渣、危石、不稳定物体上方或下方作业；垂直交叉作业应设隔离防护棚，或错开作业时间；对断层、裂隙、破碎带等不良地质构造的高边坡，按设计要求采取支护措施，并在危险部位设置警示标志；严格按要求放坡，作业时随时注意边坡的稳定情况，发现问题及时加固处理；人员上下高边坡、基坑走专用爬梯；安排专人监护、巡视检查，并及时进行分析、反馈监护信息；高处作业人员同时系挂安全带和安全绳。

标准化工作应有的制度和记录：

（1）一般含支护、开挖、外运等交叉作业。

（2）安全巡查记录。

（3）安全防护。

7.2.2　洞室作业

进洞前，做好坡顶排水系统；Ⅲ、Ⅳ类以上围岩开挖除对洞口进行加固外，应在洞口设置防护棚；洞口边坡上和洞室的浮石、危石应及时处理,并按设计要求及时支护;交叉洞室在贯通前优先安排锁口锚杆的施工;有防止水淹洞室的措施;洞内渗漏水应集中引排处理,排水通畅;有瓦斯等有害气体的防治措施;按设计要求布置安全监测系统,及时进行监测、分析、反馈观测资料,并按规定进行巡视检查;遇不良地质构造或易塌方地段,有害气体逸出及地下涌水等突发事件,立即停工,并撤至安全地点;洞内照明、通风、除尘满足规范要求。

标准化工作应有的制度和记录:

(1)通风;

(2)照明;

(3)积水与排水;

(4)毒气、粉尘检测记录;

(5)变形观测记录;

(6)支护情况;

(7)作业人员进出洞登记记录;

(8)洞内急救设施;

(9)专项方案、论证、审批、交底;

(10)重大危险源监控记录。

7.2.3　爆破作业

爆破作业前进行爆破试验和爆破设计,并严格履行审批手续;装药、堵塞、网络联结以及起爆,由爆破负责人统一指挥,爆破员按爆破设计和爆破安全规程作业;爆破影响区采取相应安全警戒和防护措施;爆破作业时操作人员持证上岗,并有专人现场监控。

标准化工作应有的制度和记录:

(1)爆破管理制度及记录;

(2)爆破作业前经审批;

(3)在爆破影响区采取相应安全警戒和防护措施;

(4)爆破作业严格执行爆破设计和爆破安全规程;

（5）爆破作业人员持有效证件上岗；

（6）爆破作业设专人现场监控。

7.2.4　水上作业

施工船舶应取得合法的船舶证书和适航证书，并获得安全签证，在适航水域作业；水上作业有稳固的施工平台和梯道；临水、临边设置牢固可靠的栏杆和安全网；平台上的设备固定牢固，作业用具随手放入工具袋；作业平台上配齐救生衣、救生圈、救生绳和通信工具；作业人员正确穿戴救生衣、安全帽、防滑鞋、安全带；作业人员经培训考核合格后持证上岗，并定期进行体格检查；雨雪天气进行水上作业，采取防滑、防寒、防冻措施，水、冰、霜、雪及时清除；遇到六级以上强风等恶劣天气不进行水上作业，暴风雪和强台风后全面检查，消除隐患；施工平台、船舶设置明显标志和夜间警示灯。

标准化工作应有的制度和记录：编制水上作业安全技术措施。

7.2.5　高处作业

高处作业人员体检合格后上岗作业，登高架设作业人员持证上岗；坝顶、陡坡、悬崖、杆塔、吊桥、脚手架、屋顶以及其他危险边沿进行悬空高处作业时，临空面搭设安全网或防护栏杆，且安全网随着建筑物升高而提高；登高作业人员正确佩戴和使用合格的安全防护用品；有坠落危险的物件应固定牢固，无法固定的应先行清除或放置在安全处；雨天、雪天高处作业，应采取可靠的防滑、防寒和防冻措施；遇到六级及以上大风或恶劣气候时，应停止露天高处作业；高处作业现场监护应符合相关规定。

标准化工作应有的制度和记录：

（1）安全防护设施管理制度及其相关记录；

（2）劳动防护用品管理制度及其相关记录；

（3）职业健康制度；

（4）作业人员所持证件；

（5）现场监督检查记录。

7.2.6　起重作业

起重作业前对设备、工器具进行认真检查,确保功能正常,满足安全要求;指挥和操作人员持证上岗,按操作规程作业,信号传递畅通;大件吊装办理审批手续,并有施工技术负责人在场指导;严禁以运行的设备、管道以及脚手架、平台等作为起吊重物的承力点;利用构筑物或设备的构件作为起吊重物的承力点时,应经核算;照明不足或恶劣气候或风力达到六级及以上时,不进行起吊作业。

标准化工作应有的制度和记录:

（1）起重作业规章制度（如有需要）;

（2）大件吊装方案;

（3）大件吊装审批记录;

（4）大件吊装技术交底记录;

（5）指挥和操作人员所持证件;

（6）现场记录参照设备管理制度;

（7）起重机械事故应急预案。

7.2.7　临近带电体作业

作业前制定安全防护措施,办理安全施工作业票,安排专人监护;作业时施工人员、机械与带电线路和设备的距离必须大于最小安全距离,并有防感应电措施;当与带电线路和设备的作业距离不能满足最小安全距离的要求时,向有关电力部门申请停电,否则严禁作业。

标准化工作应有的制度和记录:

（1）作业前制定安全防护措施,并办理审批;

（2）作业时现场设专人监护;

（3）无违反操作规程作业;

（4）作业时施工人员、机械与带电线路和设备的距离应大于等于最小安全距离。

7.2.8 焊接作业

焊接前对设备进行检查,确保性能良好,符合安全要求;焊接作业人员持证上岗,按规定正确佩戴个人防护用品,严格按操作规程作业;进行焊接、切割作业时,有防止触电、灼伤、爆炸和金属飞溅引起火灾的措施,并严格遵守消防安全管理规定;焊接作业结束后,作业人员清理场地、消除焊件余热、切断电源,仔细检查工作场所周围及防护设施,确认无起火危险后离开。

标准化工作应有的制度和记录:

(1)焊接作业人员所持证件;

(2)现场监督检查记录。

7.2.9 交叉作业

制定协调一致的安全措施,并进行充分的沟通和交底,且应有专人监护;垂直交叉作业搭设严密、牢固的防护隔离设施;交叉作业时,不上下投掷材料、边角余料,工具放入袋内,不在吊物下方接料或逗留。

标准化工作应有的制度和记录:

(1)制定协调一致的安全措施;

(2)进行充分的沟通和交底;

(3)设专人监护;

(4)垂直交叉作业应采取安全隔离措施或其他安全措施;

(5)交叉作业时,无投掷具、材料、边角余料,或在吊物下方接料或逗留现象。

7.2.10 纠正和预防

对施工生产过程中的不安全行为进行定期分类、汇总和分析,制定有针对性的控制措施。

标准化工作应有的制度和记录:

(1)分类、汇总和分析表,按季度进行,要注意进行分类、汇

总、分析三个方面,要与台账区分开;

(2)控制措施报告单。

7.3　警示标志

本节内容把警示标志单独进行考核,要求现场标志整齐、齐全,重要部位不可缺少。

7.3.1　施工现场安全警示标志、标牌使用管理制度应包括安全警示标志、标牌的采购、制作、安装和维护等内容。

施工现场安全警示标志、标牌使用管理规定符合 GB 2894 标准的要求,完善、无缺陷、操作性强。

7.3.2　在施工现场危险场所、危险部位设置明显的符合国家标准的安全警示标志、标牌,进行危险提示、警示,告知危险的种类、后果及应急措施等,危险处所夜间应设红灯示警;标志、标牌规范、整齐并定期检查维护,确保完好。

7.3.3　在危险作业现场设置警戒区、安全隔离设施和醒目的警示标志,并安排专人现场监护。

在爆破作业、大型设备设施安装、拆除等危险作业现场设置警戒区域或安全隔离设施和警示标志,安排专人现场监护。

7.4　相关方管理

本节内容重点是对劳务分包和工程分包,对涉及国家要求必须按专业承包的作业要履行分包程序,对劳务人员要规范用工,进行劳务分包。

7.4.1　工程分包、劳务分包、设备物资采购、设备租赁管理制度应明确各管理层次和部门管理职责和权限,包括分包方的评价和选择、分包招标合同谈判和签约、分包项目实施阶段的管理、分包实施过程中或结束后的再评价等。

标准化工作应有的制度和记录：

(1)分包管理制度；

(2)设备物资采购、设备租赁管理制度。

7.4.2 对分包方进行全面评价和定期再评价,建立并及时更新合格分包方名录和档案。

标准化工作应有的制度和记录：

(1)分包方评价记录和定期再评价记录,收集分包方相关信息(包括经营许可和资质证明,专业能力,人员结构和素质,机具装备,技术质量、安全、施工管理的保证能力,工程业绩和信誉)；

(2)合格分包方名录和档案；

(3)承包合同；

(4)建设单位审批工程分包的批文。

7.4.3 确认分包方具有相应资质和能力,按规定选择分包方；依法与分包方签订分包合同和安全生产协议,明确双方安全生产责任和义务。

标准化工作应有的制度和记录：

(1)分包合同；

(2)安全生产协议；

(3)分包方有企业施工资质证书并在有效期内；

(4)分包的项目不得超出分包方施工资质范围；

(5)分包方持有效的安全生产许可证书；

(6)工程分包应经建设单位允许。

7.4.4 对分包方进场人员和设备进行验证；督促分包方对进场作业人员进行安全教育,考试合格后进入现场作业；对分包方人员进行安全交底；审查分包方编制的安全施工措施,并督促落实；定期识别分包方的作业风险,督促落实安全措施。

标准化工作应有的制度和记录：

（1）分包方三类人员安全资格证书；

（2）设备进场报验表；

（3）安全教育记录；

（4）安全交底记录；

（5）安全施工措施及报审表；

（6）现场监督检查记录；

（7）定期识别分包方的作业风险，督促落实安全措施。

7.4.5　同一作业区域内有多个单位作业时，定期识别风险，采取有效的风险控制措施。

标准化工作应有的制度和记录：

（1）定期进行风险评估；

（2）风险控制措施应具有针对性、操作性；

（3）签订安全协议（同一工程有多个承包单位共同施工时，按此要求考核）。

7.5　变更管理

变更管理主要指项目部主要人员变更，如项目经理、技术负责人、关键技术人员、关键岗位人员、涉及重大技术和安全的工程变更、涉及工程价款较大的工程变更等。

7.5.1　组织机构、施工人员、施工方案、设备设施、作业过程及环境发生变化时，严格执行审批程序，及时制订变更实施计划。

7.5.2　及时对变更后所产生的风险和隐患进行辨识、评价；根据变更内容制订相应的施工方案及措施，并对作业人员进行专门的交底；变更完工后应进行验收。

标准化工作应有的制度和记录：

（1）危险源辨识、评价表；

（2）变更施工方案或措施；

（3）交底记录；

（4）变更完工后的验收记录。

本章其他注意事项：

7.5.2.1 建筑施工现场是一个动态复杂的工作现场。不论项目部对安全多重视，管理制度多严格，安全教育多完善，在日常的施工作业当中依然会存在许多安全隐患及发生"三违"现象，所以安全检查在现场的安全管理工作中是必不可少的一个环节。相关人员必须每天对现场进行细致的检查，检查尺度要"严"和"准"，发现隐患后应立即"按规定"要求提出整改，整改应根据有关规范标准结合现场实际情况进行商定。同时要对整改负责人进行必要的讲解，避免出现整改后仍无法满足安全生产的情况。

施工单位要成立以项目经理为首的安全考评小组，针对现场层层签订的《安全生产责任状》定期对现场管理人员进行考评，考评内容为管理人员岗位责任的完成情况及安全目标的落实情况，考评成绩可以与物质奖励挂钩，以提高管理人员的工作积极性。对班组也可进行相应的考核活动，考核内容要尽量采用量化，能如实地反映被考核班组管理人员的安全管理能力，对表现好的进行奖励，反之进行处罚。目的在于对班组管理人员进行激励和约束，增强安全管理班组作业人员的安全意识，最终提高班组管理人员的管理水平、作业班组整体安全意识，减少"三违"现象发生。

7.5.2.2 应在施工现场的临边、洞（孔）、井、坑、升降口、漏斗口等危险处，设置围栏或盖板，并加设明显的警示标志和夜间警示红灯；建（构）筑物、施工电梯出入口及物料提升机地面进料口、防护棚等设置应稳固、畅通；在门槽、闸门井、电梯井等井道口（内）安装作业时，应设置可靠的水平安全网。

7.5.2.3 必须在高处作业面的临空边缘设置安全护栏和夜间警示红灯；脚手架作业面高度超过 3.2 m 时，临边应挂设水平安全网，并于外侧挂立网封闭；在同一垂直方向上同时进行多层交叉作业时,应设置隔离防护棚。

7.5.2.4　在不稳定岩体、孤石、悬崖、陡坡、高边坡、深槽、深坑下部及基坑内作业时,应设置防护挡墙或积石槽。

7.5.2.5　工程(含脚手架)的外侧边缘与输电线路之间的距离必须大于最小安全距离;最小安全距离不能满足要求时,必须采取停电作业或增设屏障、遮栏、围栏、保护网等安全防护措施;不得在外电架空线路正下方施工、搭设作业棚、建造生活设施或堆放构件、架具、材料及其他杂物等。

各种起重设备(门机、塔机、缆机等)与输电线路必须保持规范规定的安全距离。

7.5.2.6　在高处施工通道的临边(栈桥、栈道、悬空通道、架空皮带机廊道、垂直运输设备与建筑物相连的通道两侧等)必须设置安全护栏;临空边沿下方需要作业或用作通道时,安全护栏底部应设置高度不低于0.2 m的挡脚板;排架、井架、施工用电梯、大坝廊道、隧道等出入口和上部有施工作业通道的,应设置防护棚。

7.5.2.7　各种机电设备传动与转动的外露部分(传动带、开式齿轮、电锯、砂轮、接近于行走面的联轴节、转轴、皮带轮和飞轮等)必须安装方便拆装、网孔尺寸符合要求的、封闭的钢防护网罩或防护挡板、防护栏等安全防护装置。

各种机械设备的监测仪表(电压表、电流表、压力表、温度计等)和安全装置(制动机构、限位器、安全阀、闭锁装置、负荷指示器等)必须齐全、配套、灵活可靠,并应定期校验合格。

7.5.2.8　施工用电配电系统应达到"三相五线制"、"三级配电、两级保护"和"一机、一闸、一保护"配电标准。

施工现场的发电机、电动机、电焊机、配电盘、控制盘及变压器等电气设备的金属外壳及铆工、焊工的工作平台和集装箱式办公室、休息室、工具间等设施的金属外壳均应装设接地或接零保护。

现场储存易燃易爆物品的场所,起重机、金属井字架、龙门架等机械设备,钢脚手架和工程的金属结构,当在相邻建筑物、构筑物等设施的防雷装置接闪器的保护范围以外时,应装防雷装置。

7.5.2.9　露天使用的电气设备应选用防水型或采取防水措施。

大量散发热量的机电设备(电焊机、气焊与气割装置、电热器、碘钨灯等)不得靠近易燃物,必要时应采取隔热措施。

7.5.2.10　手持电动工具一般应选用Ⅱ类电动工具;若使用Ⅰ类电动工具,必须采用具有漏电保护器、安全隔离变压器等的安全设备。

在潮湿或金属构架等导电良好的作业场所,必须使用Ⅱ类或Ⅲ类电动工具;在狭窄场地(锅炉、金属容器、管道等)内,应使用Ⅲ类电动工具。

7.5.2.11　作业行为管理

(1)管理人员在施工现场应当佩戴证明其身份的证、卡;严禁违反劳动纪律,违章作业和违章指挥。

(2)施工现场作业人员,应遵守以下基本要求:

①未经"三级"安全教育的新工人,复工换岗的人员未经岗位安全教育,不得进入施工现场的工作岗位进行操作。

②按规定穿戴安全帽、工作服、工作鞋等防护用品,正确使用安全绳、安全带等安全防护用具,严禁穿拖鞋、高跟鞋或赤脚进入施工现场。

③遵守岗位责任制和执行交接班制度,不擅离工作岗位或从事与岗位无关的事情;未经许可,不将自己的工作交给别人,严禁随意操作他人的机械设备。

④严禁酒后作业。

⑤严禁在铁路、公路、洞口、陡坡、高处及水上边缘、滚石坍塌地段、设备运行通道等危险地带逗留和休息。

⑥上下班应按规定的道路行走,严禁跳车、爬车、强行搭车。

⑦起重机、挖掘机等施工作业时,严禁非作业人员进入其工作范围内。

⑧高处作业时,不得向外、向下抛掷物件。

⑨严禁乱拉电源线路和随意移动、启动机电设备。

⑩不随意移动、拆除、损坏安全卫生、环境保护设施和警示标志。

⑪特种作业人员、机械操作工未经专门安全培训,无有效专业上岗操作证,不得上岗操作。

(3)爆破作业应统一时间、统一指挥、统一信号,划定安全警戒区、明确安全警戒人员,采取保护措施,严格按照爆破设计和爆破安全规程作业。

(4)在易燃易爆场所动火作业,必须先办理"三级"动火审批手续,领取动火作业许可证,并做足防火安全措施,方可动火作业,动火时要设专人值班,随时观察动火情况。

(5)进行高处作业前,应检查安全技术措施和人身防护用具落实情况;凡患高血压、心脏病、贫血病、癫痫病以及其他不适于高空作业的,不得从事高空作业。

有坠落可能的物件应固定牢固,无法固定的应放置安全处或先行清除;高处作业时应安排专人进行监护。

遇到六级及以上大风或恶劣气候时,应停止露天高处作业;雨天和雪天进行高处作业时,必须采取可靠的防滑、防寒和防冻措施。

(6)凡进入现场内进行作业必须符合下列要求:

①所有进入施工现场的人员应戴好安全帽,并按规定戴劳动防护用品和安全带等安全工具。

②在开挖基坑搭设符合要求的围栏,且不低于1.2 m,并要稳固可靠。进入施工场所的人员上下通行由斜道或扶梯上下,不攀登模板、脚手架或绳索上下。

③施工作业搭设的扶梯、工作台、脚手架、护身栏、安全网等牢固可靠,并经验收合格后方可使用。

④进行上下交叉作业时,上下层之间应设置密孔阻燃型防护网罩加以保护。

⑤在人员通道、机械设备上方都应采用钢管搭设安全防护棚,安全防护棚要铺一层模板和一道安全网,侧面用钢筋网做防护栏板。

(7)施工单位起重作业应按规定办理施工作业票,并安排施工技术人员现场指挥。

作业前,应先进行试吊,检查起重设备各部位受力情况;起重作业必须严格执行"十不吊"的原则;起吊过程应统一指挥,确保信号传递畅通;未经现场指挥人员许可,不得在起吊重物下面及受力索具附近停留和通过。

(8)施工单位进行水上(下)作业前,应根据需要办理《中华人民共和国水上水下活动许可证》,并安排专职安全管理人员进行巡查。

(9)洞室作业前,应清除洞口、边坡上的浮石、危石及倒悬石,设置截、排水沟,并按设计要求及时支护。

Ⅲ、Ⅳ类围岩开挖时,须对洞口进行加固,并设置防护棚;洞挖掘进长度达到15~20 m时,应依据地质条件、断面尺寸,及时做好洞口段永久性或临时性支护;当洞深大于3~5倍洞径时,应强制通风;交叉洞室在贯通前应优先安排锁口锚杆的施工。

施工过程中应按要求布置安全监测系统,对监测资料及时进行监测、分析、反馈,并按规定进行巡视检查。

(10)焊接与切割作业人员应持证上岗,按规定正确佩戴个人防护用品,严格按操作规程作业。在作业时应做到以下几点:

①焊工在高空危险、无防护的地方作业,应系好安全带。

②电焊机的电源线最长不超过5 m,接头处绝缘良好。

③电焊机把线、地线要绝缘良好。把线应轻便柔软,能任意弯曲和扭转,具有较强的机械性能,耐油、耐热和耐腐蚀的性能。

④在易燃易爆的地方施焊,应清理易燃易爆物或采取隔离措施,完工后应及时清理现场,保证无火源,方可离开。

⑤割炬氧气管为红色,乙炔管为黑色,禁止倒换使用。

⑥割炬喷头发生堵塞时,应停止操作,将其拆下,从里向外进行疏通清理。

⑦点火时应先开乙炔阀门,点燃后立即开氧气阀门,停用时,应先关乙炔阀门,然后关氧气阀门;发生回火时,应马上关闭氧气阀门,然后关闭乙炔阀门。

⑧切割时,应将工件表面的杂物清理干净,在水泥地上切割时,应将工件垫高,以防金属爆溅伤人。

⑨乙炔瓶、氧气瓶距明火的水平距离不得小于 10 m,氧气瓶与乙炔瓶的水平距离不得小于 5 m,乙炔瓶不得倒置,其周围禁止烟火。两瓶不得混合存放,且不得碰撞或暴晒。

⑩作业前,应对设备进行检查,确保性能良好,符合安全要求。

⑪作业时,应有防止触电、灼伤、爆炸和金属飞溅引起火灾的措施,并严格遵守消防安全管理规定,不得将管道、设备、容器、钢轨、脚手架、钢丝绳等作为临时接地线(接零线)的通路。

⑫作业结束后,作业人员应清理场地、消除焊件余热、切断电源,仔细检查工作场所周围及防护设施,确认无起火危险后方可离开。

(11)施工现场的临时用电,严格按照《施工现场临时用电安全技术规范》规定执行。

电源采用三相五线制,设专用接地线,总配电箱和分配电箱应防雨,设雨罩和门锁,同时设相应漏电保护器。从配电箱通往分配电箱的电路一律采用质量合格的电缆,并按要求埋设。严格做到"一机、一闸、一保护",一切电气设备必须有良好的接地装置。埋地敷设不小于 0.6 m,并须覆盖硬质保护层,穿越建(构)筑物、道路及易受损害场地时,须另加保护套管。

(12)各种机械操作人员和车辆驾驶员,必须取得操作合格证,不得操作与操作证不相符的机械,不将机械设备交给无本机操作证的人员操作,对机械操作人员要建立档案,专人管理。

操作人员必须按照本机说明书规定,严格执行工作前的检查制度和工作中注意观察及工作后的检查保养制度。

指挥施工机械作业人员,站在可让人瞭望的安全地点,并明确规定指挥联络信号。

使用钢丝绳的机械,在运转时用手套或其他物件接触钢丝绳,用钢丝绳拖、拉机械重物时,人员远离钢丝绳。

定期组织机电设备、车辆进行安全大检查,对检查中查出的安全问题,按照“三不放过”的原则进行调查处理,制定防范措施,防止机械事故的发生。

(13)夏季施工应采取防暴雨、防雷击、防大风等措施。

高温季节施工作业,应提供解暑饮品,备足防治中暑、肠道疾病、食物中毒等药品。

当气温达到 35 ℃以上时,施工单位不得在 11:00 至 15:00 阳光直射下安排施工作业;当气温高于 36 ℃时,施工单位应立即停止露天施工作业。

(14)昼夜平均气温低于 5 ℃或最低气温低于 −3 ℃时,应编制冬季施工作业计划,制定防寒、防毒、防滑、防冻、防火、防爆等安全生产措施。

第8章　隐患排查和治理

8.1　隐患排查

8.1.1　制度编制

8.1.1.1　公司及项目部应各自制定《安全检查及隐患排查制度》，并予以发布。按制度编制各时期的安全隐患排查方案，按制度或方案进行安全检查。

8.1.1.2　制度内容

（1）应明确排查的责任部门和人员，常规检查一般指定安监部门，专项检查或领导带队检查等可以指定检查组及成员（在通知中明确，制度文件中不指定）。

（2）应明确排查的范围，包括所有与施工生产有关的场所、环境、人员、设备设施和活动，对施工项目部而言，场所、环境、人员、设备和活动都是具体的。需要注意的是，随着近几年国家对职业健康的要求，职工生活区也应纳入排查范围，如宿舍的床铺布置、电线敷设、防蚊虫、防暑等，食堂的卫生和环境等。

（3）应明确排查的方法，包括定期综合检查、专业专项检查、季节性检查、节假日检查、日常检查等。

（4）排查的要求。除原则性要求外，还应有：排查出来的安全隐患分类及处理要求，一般安全隐患由现场责任人及时整改；重大安全隐患要求根据环境情况进行撤离或警戒、制定整改措施、明确整改责任人及整改期限、隐患消除后的验收要求和总结评价等。

(5)对事故隐患报告和举报的奖励,鼓励、发动职工发现和排除事故隐患,鼓励社会公众举报。对发现、排除和举报事故隐患的有功人员,应当给予物质奖励和表彰。

8.1.1.3　制度的可操作性

首先是制度内容本身的可实现性,无论任何一种检查,从检查的时间、内容、人员、检测工具和手段、频次等方面,是可行的,如定期综合检查,国家规定施工项目部至少每月进行一次安全检查,对项目部而言,是能够满足并且应该满足的。但是,如果总公司也进行每月一次安全检查,对较大型企业,特别是对工地分布在全国的企业而言,一般很难实现。因此,公司的综合检查频次可以定为按季度进行。

其次,制度就能体现出一种流程,能体现出一种安全隐患排查从开始到整改结束的过程,体现排查过程中各检查要素要有确定的检查主体和责任主体。

标准化工作应有的制度和记录:

(1)要编制制度,并以正式文件颁发,水利系统主要指公司和项目部,分别以各自的红头文件发布。

(2)制度要全面。

(3)制度要有操作性。

8.1.2　安全检查记录

按照安全检查及隐患排查制度的规定,对所有与施工生产有关的场所、环境、人员、设备设施和活动组织进行定期综合检查、专业专项检查、季节性检查、节假日检查、日常检查等。

8.1.2.1　检查的形式

(1)定期综合检查:一般通过有计划、有组织、有目的的形式来实现。从操作上,公司层面的综合检查下发检查通知,包括检查内容、组织形式、检查期限、检查目的,应有检查书面资料,目前一般采用标准表格,国家规范要求每季度进行一次;项目部层面上,一般应由项目经理带队检查,根据实际定期进行检查,每月进行一次。

(2)经常性安全检查:在施工生产过程中,采取日常巡查方式进行。经常性安全检查是发现事故隐患的主要形式。安全管理人员和技术人员通过监督检查施工技术方案的落实情况来实施对施工安全生产状况的经常性检查,对检查中发现的问题,应当立即处理,不能处理的,应当及时向本单位负责人报告,检查及处理情况应当记录在案。坚持安全管理人员和技术人员跟班作业,严格落实施工现场旁站监控是落实经常性安全检查的有效手段。危险性较大的分部分项工程或关键工序、工作面必须有安全管理人员和技术人员跟班作业,并配备专职安全员进行日常巡查。

(3)班组检查:主要由作业队或班组负责人、专兼职安全员负责,在班前、班中、班后进行。

(4)专项安全检查:针对某个专业、项(类)问题或事故隐患,或在施工生产中存在的普遍性安全问题进行的检查。如针对施工用电、机械设备、消防安全、脚手架施工等的安全检查,针对某时间段内安全生产形势开展的事故隐患排查行动。

(5)季节性和节假日前后安全检查:根据季节变化和易发事故特点、节假日前后安全生产形势,突出重点进行的检查活动。如冬期施工防冻保温、防火、防煤气中毒等检查;夏季防暑降温、防汛、防雷电等检查。由于节假日(特别是重大节日,如春节、国庆节)前后,员工注意力在过节安排上,容易发生事故,在节假日前后进行有针对性的安全检查。

8.1.2.2 安全检查的内容和方法

8.1.2.2.1 安全检查的内容包括查思想、查意识、查制度、查管理、查隐患、查整改,查设备、查设施、查作业环境。

8.1.2.2.2 安全检查的具体内容本着突出重点的原则进行

确定。查危险源和事故隐患是安全检查两大重点内容,根据专业和施工生产场所,安全检查的重点内容包括:

(1)隧道工程:地下管线、塌方、触电、火灾、爆炸等事故隐患。

(2)高处作业、临边防护、基坑支护:各种安全防护设施、支撑结构的完好性、有效性。

(3)施工机具及专用设备:起重机械、龙门吊等设备的制动装置、限位装置是否完好、有效,锅炉压力容器、压力管道的安全阀、压力表、水位计、保护装置、泄压装置、防爆装置是否完好、有效。

(4)特种作业人员管理:是否经过培训、考核,是否持证上岗。

(5)职工驻地、项目营业区和作业场所内外环境:危房、易燃易爆物品、消防安全、食品卫生、环境卫生等。

(6)交通运输车辆:车辆状况良好,特别是检查车辆的制动、控制和灯光系统的完好性、可靠性。

(7)冬期施工:冬期施工准备工作是否可靠、有效。

(8)其他重点难点工程。

8.1.2.2.3　安全检查的方法。安全检查人应采取有针对性的、有效的方法实施检查,检查方法主要包括常规检查、检查表法、仪器检查法,可以相互结合采用。

(1)常规检查:依靠检查人员的经验和能力,通过感观或辅助一定的简单工具、仪表等,对施工人员的行为、作业场所、生产设备等进行定性检查。

(2)检查表法:实施检查前,检查人员根据工程项目的地质条件、施工方法和工艺、重难点工程、工程队伍等实际情况,对可能存在的危险源、不安全因素进行剖析,确定检查项目,编制成表,以检查表为核心内容实施检查。

(3)仪器检查法:借助仪器设备对隐蔽工程、地质状况、有毒有害物质(包括气体)等进行定量化的检验与测量。

8.1.2.2.4　实施安全检查前,检查人员或检查组应做好准备

工作,包括:

(1)确定检查的对象、目的、任务;

(2)查阅、掌握有关法规、标准、规程、规范的要求;

(3)查阅施工组织设计、专项施工方案、相关事故案例,了解检查对象的地质状况、施工方法和工艺、关键部位及关键工序等情况,分析可能存在的危险源、不安全因素;

(4)制订检查计划,确定检查内容、方法、步骤;

(5)编写安全检查表或检查提纲;

(6)准备必要的检测工具、仪器、书写表格或记录本;

(7)检查人员或检查组内部分工等。

为保证经常性安全检查的灵活性,其准备工作可以根据实际情况进行适当简化。

8.1.2.2.5　实施安全检查的方式。实施安全检查时,检查人员可以通过访谈、查阅文件和记录、现场观察的方式获取现场信息。

(1)访谈:通过与现场有关人员谈话来查安全意识、查规章制度执行情况等。

(2)查阅文件和记录:检查设计文件、施工组织设计、安全措施、管理制度、操作规程、特种人员证件等是否齐全、有效;查阅安全技术交底、教育和培训、安全例会、施工日志等相关记录,判断上述文件是否被有效执行。

(3)现场观察:检查人员对施工作业现场的地质状况、设备、安全防护设施、作业环境、人员操作等进行观察,寻找不安全因素、事故隐患、事故征兆。

标准化工作应有的制度和记录:

(1)检查记录要齐全完整。

(2)要制订隐患排查方案。

(3)隐患排查的范围要覆盖项目部全部生产、生活。

（4）检查表要有检查人和被检查人签字。

8.1.3　对隐患进行分析评价,确定隐患等级,并登记建档。

（1）对检查中发现的安全隐患,应及时评定级别,提出整改要求,要有书面的整改结果,发出整改通知的部门要明确有关部门和人员对整改结果进行验收、评价。

（2）对发现的安全隐患要及时分类建档。

（3）项目部按月、公司按季度对本阶段排查的安全隐患进行汇总、分析,发现安全隐患的发展方向和趋势,发出预警,提出下一步安全工作的方向和重点。

标准化工作应有的制度和记录：

（1）隐患汇总登记台账；

（2）隐患分析评价表；

（3）隐患登记档案资料。

8.2　隐患治理

8.2.1　安全事故隐患治理记录

（1）检查人员对发现的事故隐患进行分析,与现场责任人、工程负责人进行讲评、沟通,提出整改建议,明确整改期限,填写《工程项目安全检查隐患整改记录表》（一式两份）,双方签字确认。

（2）对检查发现的一般安全隐患,应立即组织整改排除。

（3）对检查发现的重大事故隐患应制订隐患治理方案,治理方案内容包括目标和任务、方法和措施、经费和物资、机构和人员、时限和要求,整改完毕后,将整改情况报检查人员（检查组）备案。隐患治理措施包括工程技术措施、管理措施、教育措施、防护措施、应急措施等。

（4）重大事故隐患在治理前应采取临时控制措施并制订应急预案。

（5）检查人员（检查组）对发现的问题，在其整改过程中或在整改完成后要进行监督、核查，可以通过电话、传真、电子邮件、现场核查等方式实施。

标准化工作应有的制度和记录：

（1）事故隐患治理记录；

（2）隐患整改通知单；

（3）重大事故隐患治理方案；

（4）应急预案。

8.2.2 对隐患治理的验收和评价

8.2.2.1 隐患治理完成后及时进行验证，形成闭环管理。一般安全隐患由检查组组织验证，重大安全隐患由公司确定验收组进行验收。

8.2.2.2 隐患治理完成后及时进行效果评估。评估至少应有两个方面，一方面看安全隐患处理过程是否顺利和措施是否得当；另一方面，对后续工作作出指导。

标准化工作应有的制度和记录：隐患治理验收和评价记录。

8.3 预测预警

公司和项目部应有预测预警管理办法，在实施过程中形成的记录应当保存完整。

8.3.1 采取多种途径及时获取水文、气象等信息，在接到自然灾害预报时，及时发出预警信息。在接到暴雨、台风、洪水、滑坡、泥石流等自然灾害预报时及时发出预警信息；发生可能危及参建单位和人员安全的情况时，应采取撤离人员、停止作业、加强监测等安全措施，并及时向项目主管部门和安全监督机构报告。

水利水电工程中水文和气象信息的及时获取是安全工作的一项重要工作，其信息的获取途径也是多渠道的，包括上游水利枢纽的水文信息,地方气象部门的气象信息,对大型工程,建设单位也会建立专门的水文、气象收集和发布系统。

标准化工作应有的制度和记录:

(1)水文、气象等信息台账;

(2)预警信息发出记录。

8.3.2　安全生产预警

(1)每季、每年对安全隐患排查等相关数据进行统计分析。

(2)每季召开安全生产风险分析会,通报安全生产状况及发展趋势。

(3)对反映的问题及时采取针对性措施。

标准化工作应有的制度和记录:每季、每年隐患排查治理情况统计分析表。

第9章　重大危险源监控

　　本章工作的难点是对危险源的辨识。需要强调的是,在本标准化工作中,因为危险源与安全隐患分开并列为两部分内容,危险源仅仅指第一类危险源,第二类危险源作为安全隐患工作来进行,这样有利于更好地做好安全工作。

9.1　辨识与评估

　　9.1.1　危险源管理制度应明确危险源辨识、评价和控制的职责、方法、范围、流程等要求。

　　危险源是指工程项目及其施工方案中,具有潜在能量和物质释放危险的、可造成人员伤害、财产损失或环境破坏的,在一定的触发因素作用下可转化为事故的部位、区域、场所、空间、岗位、设备及其位置。重大危险源是指能导致较大以上事故发生的危险源。

　　标准化工作应有的制度和记录:危险源识别与管理制度。

　　9.1.1.1　危险源的辨识和评价

　　9.1.1.1.1　公司组织有关技术、安全管理人员,通过分析公司所有正常经营范围内的作业场所、作业内容、工作和生活场所进行危险源的辨识和评价,对识别的重大危险源列成清单。

　　9.1.1.1.2　项目部组织有关技术、安全管理人员,在公司危险源辨识的基础上,进行全面的危险源辨识和评价,形成项目部的

重大危险源清单。项目部通过以下三种途径进行危险源的辨识:

(1)设计文件中明确提示的危险源及其依据施工经验判断和确定的危险源。

(2)施工组织设计中施工工艺和方法涉及的临时工程或设施、设备等包含的危险源。

(3)依据技术手段或施工经验在施工过程中发现的危险源,以及施工组织、操作不当等引发的其他危险源。

9.1.1.1.3 项目分管安全、技术负责人应在开工前组织有关人员学习设计文件、审核设计图纸、调查实施现场、研究施工组织设计,了解工程所处的地理、气象条件、社会环境状况,按照工程水文地质条件、工程环境、施工方案、工艺流程和主要设备、原材料及半成品的使用情况,通过研究、讨论辨识出可能引发事故的危险源。

9.1.1.1.4 项目经理应组织分析危险源可能引发的事故类型及对其触发机制进行风险评价,判别危险源等级,分别编制一般危险源和重大危险源台账。施工过程中发生变化或确定有新危险源,应及时更新或补充危险源台账。

9.1.1.1.5 水利水电施工的重大危险源一般包括以下方面:

(1)高边坡作业;

(2)深基坑工程;

(3)洞挖工程;

(4)模板工程及支撑体系;

(5)起重吊装及安装拆卸工程;

(6)脚手架工程;

(7)拆除、爆破工程;

(8)储存、生产和供给易燃易爆、危险品的设施、设备及易燃易爆、危险品的储运,主要分布于工程项目的施工场所;

(9)重大聚会、人员集中区域及突发事件;

（10）其他。

9.1.1.2　危险源的控制

9.1.1.2.1　公司对各项目存在的重大危险源进行分类建档并跟踪监督危险源的动态。

9.1.1.2.2　项目经理组织编制重大危险源专项施工方案和应急预案。专项施工方案的编制、评审和审批执行《危险性较大的分部分项工程安全管理办法》（建质〔2009〕87号）的规定，应急预案应符合《生产经营单位安全生产事故应急预案编制导则》（GB/T 29639—2013）的规定。

9.1.1.2.3　涉及一般危险源的施工，应严格按照施工组织设计和有关措施认真实施。涉及重大危险源的施工，应严格按照专项施工方案要求落实工程队伍组织、机械设备配置、物资材料供应、施工工艺试验和确定，强化过程控制，保证方案的顺利实施。

9.1.1.2.4　危险源施工时，项目部技术负责人应向现场施工管理人员和作业人员详细介绍危险源所处部位、原因、可能导致的事故、防范措施、应急措施等事项。

9.1.1.2.5　在涉及重大危险源的施工过程中，应随时监测重大危险源的发展态势，及时采取适当措施，保证施工安全。监测手段应满足施工需要，鼓励采用新技术、新装备提高监测效果。

9.1.1.2.6　当发生异常或紧急情况时，应立即启动应急预案，快速响应，控制态势，减少损失。

9.1.1.3　重大危险源的动态管理

9.1.1.3.1　公司主管部门要逐月汇总各项目的重大危险源动态情况，并完善档案资料。

9.1.1.3.2　涉及重大危险源施工时，专项施工方案实施进度情况应逐旬报告。

（1）项目部在每月 5 日、15 日、25 日前，上报重大危险源动态监控报表，需要按规定向公司、业主、监理和地方政府报告的按有关要求办理。

（2）项目部在上报《重大危险源监控报表》时，应附正在施工的重大危险源施工情况分析，主要内容包括实施过程简要情况、危险源状态分析、存在问题和改进措施等。

（3）集团公司安全质量部、工程公司和分支机构安全质量部对重大危险源专项施工方案实施情况进行跟踪检查，督促落实。

（4）涉及重大危险源的施工已经全部完成，并经项目经理组织技术、管理人员分析研究确认后销号，按前述报告程序及时上报。

9.1.1.3.3　项目部根据实际情况，配备人员检测监控，进行动态管理，及时处理存在的安全隐患，并建立重大危险源安全管理档案。

9.1.1.3.4　制定切实可行的实施办法，指定专人对每一个重大危险源进行卡控。全面掌握重大危险源的管理情况，定期对各类重大危险源开展专项安全检查，对存在缺陷和事故隐患的重大危险源要采取有效措施进行治理整改，消除危害因素、确保安全生产。检查中发现存在的缺陷和安全隐患，必须制订整改方案，落实整改措施和整改责任人立即整改，并采取切实可行的安全措施，防止事故的发生。如重大危险源工程施工中发生安全质量问题，还要有安全质量分析会内容和事故处理报告及下一步的整改措施记录等资料。

9.1.1.3.5　成立重大危险源安全管理领导小组，制订事故应急救援预案。项目部根据应急救援预案制订演练方案和组织人员进行演练，做好演练记录，并进行评价、总结、完善预案。

9.1.1.3.6　重大危险源的动态管理包括:监测人员定期对重大危险源进行监测,及时汇总监测数据,用于指导施工。安全质量部每天对重大危险源进行检查,并做好检查记录,发现问题时及时下发隐患整改通知书,并督促责任部门尽快完成整改。整改完成后进行复查,如果复查不合格,需督促其继续整改,直至复查合格符合要求。每月组织两次各部门联合检查,各部门进行互检,对发现的隐患下发隐患整改通知书,并督促责任部门尽快完成隐患整改。

9.1.1.3.7　对尚未开工的重大危险源工程实行动态管理,条件成熟需要开工时,必须履行相关程序,专项施工方案、安全措施、专家论证材料等必须齐全有效,同时技术安全交底必须到位,现场各方面条件达到标准后才能开工。开工后立即进入正常的管理程序,纳入重大危险源的检查范围。

9.1.1.3.8　在重大危险源现场设置明显的安全警示标志。

9.1.1.3.9　项目部及时总结重大危险源管理经验,形成重大危险源控制技术标准,提高重大危险源管理水平。

表 9.1-1 为常见重大危险源清单。

表 9.1-1　常见重大危险源清单

工程项目类别	重大危险源	易发部位或施工单元	作业或管理活动

表 9.1-2 为重大危险源监控报表。

表 9.1-2　　重大危险源监控报表

序号	工程名称	重大危险源名称	里程或部位	重大危险源描述及其可能导致的事故(对已发现的,增加其变化情况)	专项施工方案	应急救援预案	责任人	进度	备注
1									专项施工方案和应急救援预案填报审批情况,进度填报完成工程量或其他反映进展情况的数据
2									
3									

填报单位:　　　　填报人:　　　联系电话:　　　日期:　年　月　日

标准化工作应有的制度和记录:

(1)编制制度,并以正式文件颁发,水利系统主要指公司和项目部分别以各自的红头文件发布。

(2)制度要全面,指明辨识、评价和控制三个方面各自的职责、方法、范围和流程。

(3)制度要有可操作性。

9.1.2　按规定进行施工安全、自然灾害等危险源辨识、评价,确定危险等级。

水利水电施工的重大危险源一般包括以下方面:

(1)高边坡作业;

(2)深基坑工程;

(3)洞挖工程;

(4)模板工程及支撑体系;

(5)起重吊装及安装拆卸工程;

(6)脚手架工程;

(7)拆除、爆破工程;

(8)储存、生产和供给易燃易爆、危险品的设施、设备及易燃

易爆、危险品的储运,主要分布于工程项目的施工场所;

(9)重大聚会、人员集中区域及突发事件;

(10)其他。

其中第(8)项按国家规范要求操作,达到规定规模要向地方安监部门备案。

危险等级分四级,一级最高,对可能出现较大以上安全事故的危险源确定为重大危险源。

标准化工作应有的制度和记录:

(1)危险源辨识评价记录;

(2)重大危险源清单。

9.2　登记建档与备案

9.2.1　对评价确认的重大危险源,及时登记建档。

重大危险源档案主要内容包括:

(1)单位名称、法人代表、单位地址、联系人、联系方式;

(2)重大危险源种类及基本特征;

(3)重大危险源相关图纸和图片;

(4)检测及监控措施;

(5)事故应急预案;

(6)重大危险源安全评估报告;

(7)其他与重大危险源相关的情况等。

9.2.2　按规定,将重大危险源向主管部门备案。

标准化工作应有的制度和记录:

(1)达到一定规模的危险化学品重大危险源应向地方政府主管部门备案;

(2)对其他类型重大危险源要向建设单位和本公司安全管理部门备案,监理报审表。

9.3　监控与管理

9.3.1　明确危险源的各级监管责任人和监管要求,严格落实分级控制措施。

标准化工作应有的制度和记录:

(1)重大危险源监控方案;

(2)监控方案实施验收记录;

(3)重大危险源应急预案。

9.3.2　高边坡滑坡、洞室坍塌、泥石流等重大危险采取及时支护等预防措施,并专人巡视。

标准化工作应有的制度和记录:

(1)重大危险预防措施实施记录;

(2)重大危险源施工由专人巡视记录。

9.3.3　根据施工进展,对危险源实施动态的辨识、评价和控制。

标准化工作应有的制度和记录:对已备案的重大危险源应1～3个月进行一次复核,当情况发生改变时,应重新进行重大危险源辨识及评价。

9.3.4　在危险性较大作业现场设置明显的安全警示标志和警示牌(内容包含名称、地点、责任人员、事故模式、控制措施等)。

标准化工作应有的制度和记录:在重大危险源现场设置明显的安全警示标志和警示牌。警示牌内容应包括危险源名称、地点、责任人员、可能的事故类型、控制措施等。

第 10 章　职业健康

10.1　职业健康管理

10.1.1　职业健康管理制度应明确职业危害的监测、评价和控制的职责和要求;明确为员工配备相适应的劳动防护用品,教育并监督作业人员按照规定正确佩戴、使用个人劳动防护用品。

10.1.1.1　临时设施建设

(1)施工现场办公区、生活区应与施工区分开设置,并保持安全距离;办公、生活区的选址应符合安全要求。

(2)施工现场有条件布置的生活区,应设置宿舍、食堂、厕所、淋浴间、开水房、文体活动室、吸烟室、密闭式垃圾站(或容器)及盥洗设施等临时设施。

(3)施工现场生活区内,应提供电话、电视、网络等设施。

10.1.1.2　作业条件及环境安全

(1)施工现场具有安全作业条件和环境,夜间应设置照明指示装置。

(2)施工现场出入口、施工起重机械作业处、临时用电设施处、脚手架处、出入通道口、电梯井口、孔洞口、隧道口、基坑边沿及有害危险气体和液体存放处等危险部位,设置明显的安全警示标志。安全警示标志符合国家标准。

(3)在不同的施工阶段及施工季节、气候和周边环境发生变化时,施工现场采取相应的安全技术措施。

10.1.1.3　职业健康

(1)施工人员配备齐全的个人劳动防护用品。

(2)定期对从事接触有毒有害气体的作业人员进行职业健康培训和体检,指导操作人员正确使用职业病防护设备和个人劳动防护用品。

(3)施工现场在易产生职业病危害的作业岗位和设备、场所设置警示标志或警示说明。

(4)易产生噪声的作业条件,施工现场应采用低噪声设备,推广使用自动化、密闭化施工工艺,降低机械噪声。作业时,操作人员应戴耳塞进行听力保护。

(5)盾构区间施工不能保证良好自然通风的作业区,应配备强制通风设施。操作人员在有毒有害气体作业场所应戴防毒面具或防护口罩。

(6)在粉尘作业场所,应采取喷淋等设施降低粉尘浓度,操作人员应佩戴防尘口罩;焊接作业时,操作人员应佩戴防护面罩、护目镜及手套等个人防护用品。

(7)高温作业时,施工现场应配备防暑降温用品,合理安排作息时间。

10.1.1.4　卫生防疫

(1)施工现场员工膳食、饮水、休息场所符合卫生标准。

(2)宿舍、食堂、浴室、厕所等施工人员活动场所应有通风、照明设施,并定期消毒,日常维护应有专人负责。

(3)食堂应有该市相关部门发放的有效卫生许可证,各类器具规范清洁。炊事员应持有效健康证,各类食品用料、饮用水等食物必须卫生达标,确保食品安全。

(4)生活区设置密闭式容器,垃圾分类存放,定期灭蝇,及时清运。

（5）施工现场应设立医务室,配备保健药箱、常用药品及绷带、止血带、颈托、担架等急救器材。

（6）施工人员发生传染病、食物中毒、急性职业中毒时,及时向发生地的卫生防疫部门和建设行政主管部门报告,并按照卫生防疫部门的有关规定进行处置。

（7）现场食堂要符合该市有关卫生要求,并办理《餐饮服务许可证》,炊事人员要有《健康证》,并穿白色工作服,戴白色工作帽,现场的工作餐应指定就餐区域。

（8）食堂设置专用储藏室,生食和熟食必须分开设置,并应有防鼠、防蝇、防虫、防潮等措施。

标准化工作应有的制度和记录：

（1）要编制制度,并以正式文件颁发,水利系统主要指公司和项目部分别以各自的红头文件发布。

（2）制度要有操作性。

10.1.2　为从业人员提供符合职业健康要求的工作环境和条件,配备相适应的职业健康保护设施、工具和用品。

对从事危险作业的人员,职业健康管理应遵守以下规定：

（1）严格劳动防护用品的发放和使用管理。

（2）不得安排未成年工从事接触职业危害的作业;不得安排孕期、哺乳期的女职工从事对本人、婴儿有害的作业。

（3）应根据职业危害类别,进行上岗前、在岗期间、离岗时和应急的职业健康检查。

（4）应为相关岗位作业人员建立职业健康监护档案。职业健康监护档案应当包括作业人员的职业史、职业病危害接触史、职业健康检查结果和职业病诊疗等有关个人健康资料。

（5）不得安排上岗前未经职业健康检查的作业人员从事接触职业危害的作业;不得安排有职业禁忌的作业人员从事其所禁忌的作业。

（6）按规定给予职业病患者及时的治疗、疗养。

（7）按规定及时为从业人员办理工伤保险和人身意外保险等。

标准化工作应有的制度和记录：

（1）要有职业健康劳动防护用品台账；

（2）要有职业健康劳动防护用品发放记录。

10.1.3　制订职业危害场所检测计划，定期对职业危害场所进行检测，并将检测结果存档。

对存在职业危害的场所应加强管理，并遵守以下规定：

（1）指定专人负责职业健康的日常监测，维护监测系统处于正常运行状态；

（2）明确具有职业危害的有关场所和岗位，制定专项防控措施，进行专门管理和控制；

（3）应当制订职业危害场所检测计划，定期对职业危害场所进行检测，并将检测结果公布、归档；

（4）对可能发生急性职业危害的工作场所，设置报警装置、标志牌、应急撤离通道和必要的排险区，制订应急预案，配置现场急救用品、设备；

（5）对存在粉尘、有害物质、噪声、高温等职业危害因素的场所和岗位，应制定专项防控措施，并按规定进行专门管理和控制；

（6）施工区内起重设施、施工机械、移动式电焊机及工具房、水泵房、空压机房、电工值班房等应符合职业卫生、环境保护要求；

（7）定期对危险作业场所进行监督检查，保持完善的记录、资料等。

标准化工作应有的制度和记录：制订职业危害场所检测计划，定期对职业危害场所进行检测，并将检测结果公布、归档。

10.1.4　砂石料生产系统、混凝土生产系统、钻孔作业、洞室作业等场所的粉尘、噪声、毒物指标符合有关标准的规定。

标准化工作应有的制度和记录:职业危害因素指标监测记录。

10.1.5　在可能发生急性职业危害的有毒、有害工作场所,设置报警装置,制订应急处置预案,配置现场急救用品。

标准化工作应有的制度和记录:

(1)高毒作业场所设置红色区域警示线、警示标志和中文警示说明,并设置通信报警装置。

(2)配备应急救援人员和必要的应急救援器材、设备,制订事故应急救援预案。

10.1.6　指定专人负责保管防护器具,并定期校验和维护,确保其处于正常状态。

标准化工作应有的制度和记录:施工现场的安全防护用具、机械设备、施工机具及配件必须由专人管理,定期进行检查、维修和保养,建立相应的资料档案,并按照国家有关规定及时报废。

10.1.7　按规定安排相关岗位人员进行职业健康检查,建立健全职业卫生档案和员工健康监护(包括上岗前、岗中和离岗前)档案。

标准化工作应有的制度和记录:应当建立职业健康监护档案,内容包括以下几点:

(1)劳动者的职业史和职业中毒危害接触史;

(2)相应作业场所职业中毒危害因素监测结果;

(3)职业健康检查结果及处理情况;

(4)职业病诊疗单等劳动者健康资料(岗前、岗中和离岗前)。

10.1.8　按规定给予职业病患者及时的治疗、疗养;患有职业禁忌症的员工,应及时调整到合适岗位。

标准化工作应有的制度和记录:治疗、疗养、岗位调整。

10.2　职业危害告知和警示

10.2.1　与员工订立劳动合同时,如实告知作业过程中可能产生的职业危害及其后果、防护措施等。

标准化工作应有的制度和记录:用人单位与劳动者订立劳动合同(含聘用合同)时,应当将工作过程中可能产生的职业病危害及其后果、职业病防护措施和待遇等如实告知劳动者,并在劳动合同中写明,不得隐瞒或者欺骗。

劳动者在已订立劳动合同期间因工作岗位或者工作内容变更,从事与所订立劳动合同中未告知的存在职业病危害的作业时,用人单位应当依照前款规定,有向劳动者履行如实告知义务,并协商变更老劳动合同相关条款。

10.2.2　对从事存在严重职业危害的作业人员进行警示教育,使其了解施工过程中的职业危害、预防和应急处理措施;在严重职业危害的作业岗位,设置警示标志和警示说明,警示说明应载明职业危害的种类、后果、预防以及应急救治措施。

标准化工作应有的制度和记录:

(1)对职业危害应开展多种形式的宣传教育活动,提高从事职业危害岗位人员的安全意识和预防能力。

(2)对存在严重职业危害的作业岗位,应设置警示标志和警示说明。警示说明应载明职业危害的种类、后果、预防和应急救治措施。

10.3　职业危害申报

按《职业危害申报管理办法》(国家安监总局令第 48 号)规定,及时、如实地向安全生产监督管理部门申报生产过程中存在的职业危害因素。发生变化后及时补报。

10.4　工伤保险

10.4.1　按规定及时办理保险(工伤保险、意外伤害保险)。

标准化工作应有的制度和记录:员工(工伤保险、意外伤害保险)缴费凭证。

10.4.2　受伤员工及时获得相应的保险待遇。

标准化工作应有的制度和记录:

(1)工伤等级鉴定;

(2)有关工伤保险评估、年费、赔偿等资料。

第 11 章　应急救援

11.1　应急机构和队伍

11.1.1　建立安全生产应急管理机构或指定专人负责安全生产应急管理工作;建立相适应的专(兼)职应急救援队伍或指定专(兼)职应急救援人员。必要时与当地具备能力的应急救援队伍签订应急支援协议。

11.1.1.1　应急响应等级划分

(1)根据事故的性质、严重程度、事态发展趋势和控制能力,事故应急响应实行三级响应机制。

①一级响应:发生重大以上安全事故,或发生影响严重的较大安全事故。

②二级响应:发生较大安全事故,或发生影响严重的一般安全事故。

③三级响应:发生一般安全事故。

(2)根据响应级别,现场救援行动实行分级指挥和领导。

①一级响应的事故救援,由公司主管领导负责指挥和领导,公司办公室、安全质量、施工技术、设备运输物资、宣传、工会等部门参加。

②二级响应的事故救援,由公司副职领导负责指挥和领导。公司安全质量、施工技术、宣传、工会等部门参加。

③三级响应的事故救援,由项目经理负责指挥和领导。

11.1.1.2　应急救援组织

11.1.1.2.1　公司成立事故应急救援组织机构,明确分工和职责,由公司法人担任总指挥,副总为副指挥,各部门负责人为成员。项目部成立事故应急救援组织机构,明确分工和职责,由项目经理担任总指挥,项目副职担任副总指挥,安质、工程、材料设备、计划合同、财务、综合办等部门负责人参加,应急指挥办公室一般设在安全质量部,办公室主任由安全质量部部长担任。

11.1.1.2.2　对于危险性较大的分部分项工程,根据工程特点和现场施工组织情况,也应成立相应的事故应急救援组织机构,在该工程完工后撤销。

11.1.1.2.3　应急组织体系见图 11.1-1。

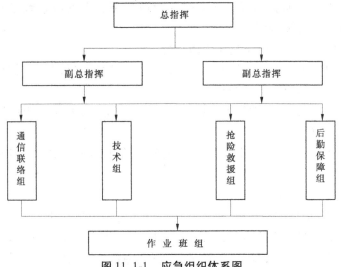

图 11.1-1　应急组织体系图

11.1.1.2.4　事故应急救援组织机构分为以下工作小组:

(1)总指挥:启动和解除应急预案,指挥应急救援,配合上级和政府部门。

（2）副总指挥：协助总指挥负责应急救援的具体指挥工作，协调小组各成员的具体行动，并实施决策。负责对外界的信息发布和报道；事故扩大应急后，负责向周边居民、社区的对外信息公告。

（3）通信联络组：

①负责收集、分析和传递现场信息，确保与总指挥或副总指挥、公司以及外部联系畅通。

②负责组织对事发现场的拍照、摄像工作。

（4）技术组：

①提出抢险抢修及避免事故扩大的临时应急方案和措施。

②指导应急方案和措施的实施及完善。

③绘制事故现场平面图，标明重点部位，向外部救援机构提供准确的抢险救援技术资料。

④负责应急过程的记录、应急结果的评估及复工方案。

（5）抢险救援组：

①实施抢险救援应急方案和措施。

②寻找受害者并将其转移至安全地带。

③负责抢险救援现场的安全防护，防止次生事故的发生。

④抢险救援结束后，报告总指挥，并对结果进行复查和评估。

（6）后勤保障组：

①提供必需的抢险救援物资及设备。

②保证现场救援人员必须的防护、救护用品及生活物资的供给。

③在事故现场周围建立警戒区域实施交通管制，维护现场治安秩序。

④负责与外部医疗、公安、救援等机构的联系协调，在专业医护未到达前，对受害者进行必要的抢救护理（如人工呼吸、包扎止血、防止受伤部位受污染等）。

⑤负责伤亡人员的善后处理工作。

11.1.1.3　应急救援程序

(1)事故应急响应程序,按过程分为事故报告、响应级别确定、应急启动、救援行动、应急恢复和应急结束六个过程。

(2)一旦发生安全生产事故,工程队、分部(工区)、项目部必须按规定以最快速度上报相关部门。

事故信息报告采用快报方式,主题鲜明,言简意赅,用词规范,逻辑严密,条理清楚。一般包括以下要素:事故发生的时间、地点、事故单位名称;事故发生的简要经过、事故发生原因的初步判断;事故发生后采取的措施及事故控制的情况,事故报告单位等。

紧急情况下,可先用电话口头报告,之后再采用文字报告。涉密信息应遵守相关规定。

(3)根据事故发生的危害程度、事态发展趋势和控制能力确定应急响应级别,立即启动应急预案,成立现场抢险救援机构,开展事故救援行动。

(4)应急救援行动主要包括指挥、通信联络、技术、抢险、后勤保障等,应在应急预案中详细规定各项行动的工作内容、执行人或小组、协调等事项。

(5)应急恢复和应急结束。

11.1.1.4　应急预案的编制

11.1.1.4.1　公司要编制公司级的应急综合预案、专项预案和事故处置方案。每年要对应急预案进行一次评审。编制和评审可以自行组织或委托第三方完成。

11.1.1.4.2　项目开工前,根据地质条件、重难点工程、主要施工方法、重大危险源等特点,项目部总工、安全总监共同组织安质、工程、材设等部门,编制本级应急预案,并经本级项目经理签字后报上级主管部门备案。

11.1.1.4.3　编制应急预案前,项目部安全质量部负责了解业主、监理单位和当地政府部门的相关事故应急救援体系,掌握当地有关医疗机构和急救机构的联系方式,编制预案时要结合这些因素。

11.1.1.4.4　对于危险性较大的分部分项工程,要针对工程具体地质条件、施工方法、危险源等特点,编制相应的《专项应急预案》,可以编入《安全专项施工方案》,作为《安全专项施工方案》的主要组成部分。

11.1.1.4.5　编制准备:

(1)全面分析本单位危险因素、可能发生的事故类型及事故的危害程度;

(2)排查事故隐患的种类、数量和分布情况,并在隐患治理的基础上,预测可能发生的事故类型及其危害程度;

(3)确定事故危险源,进行风险评估;

(4)针对事故危险源和存在的问题,确定相应的防范措施;

(5)客观评价本单位应急能力;

(6)充分借鉴国内外同行业事故教训及应急工作经验。

11.1.1.4.6　应急预案的编制要符合《生产经营单位生产安全事故应急预案编制导则》(GB/T 29639—2013)。

(1)总则:

①编制目的:简述应急预案编制的目的、作用等。

②编制依据:简述应急预案编制所依据的法律法规、规章,以及有关行业管理规定、技术规范和标准等。

③适用范围:说明应急预案适用的区域范围,以及事故的类型、级别。

④应急预案体系:说明生产经营单位应急预案体系的构成情况,可用框图形式表述。

⑤应急工作原则:说明本单位应急工作的原则,内容应简明扼要、明确具体。

（2）事故风险描述：简述生产经营单位存在或可能发生的事故风险种类、发生的可能性及严重程度和影响范围等。

（3）应急组织机构及职责：明确生产经营单位的应急组织形式及组成单位或人员，可用结构图的形式表示，明确构成部门的职责。应急组织机构根据事故类型和应急工作需要，可设置相应的应急工作小组，并明确各小组的工作任务及职责。

（4）预警及信息报告：

①预警。根据生产经营单位监测监控系统数据变化状况、事故险情紧急程度和发展势态或有关部门提供的预警信息进行预警，明确预警的条件、方式、方法和信息发布的程序。

②信息报告。信息报告程序主要包括：

a.信息接收与通报。明确24小时应急值守电话、事故信息接收、通报程序和责任人。

b.信息上报。明确事故发生后向上级主管部门、上级单位报告事故信息的流程、内容、时限和责任人。

c.信息传递。明确事故发生后向本单位以外的有关部门或单位通报事故信息的方法、程序和责任人。

（5）应急响应：

①响应分级。针对事故危害程度、影响范围和生产经营单位控制事态的能力，对事故应急响应进行分级，明确分级响应的基本原则。

②响应程序。根据事故级别和发展态势，描述应急指挥机构启动、应急资源调配、应急救援、扩大应急等响应程序。

③处置程序。针对可能发生的事故风险、事故危害程度和影响范围，制定相应的应急处置措施，明确处置原则和具体要求。

④应急结束。明确现场应急响应结束的基本条件和要求。

（6）信息公开：明确向有关新闻媒体、社会公众通报事故信息的部门、负责人和程序以及通报原则。

（7）后期处置：主要明确污染物处理、生产秩序恢复、医疗救治、人员安置、善后赔偿、应急救援评估等内容。

（8）保障措施：

①通信与信息保障。明确可为生产经营单位提供应急保障的相关单位及人员通信联系方式和方法，并提供备用方案。同时，建立信息通信系统及维护方案，确保应急期间信息畅通。

②应急队伍保障。明确应急响应的人力资源，包括应急专家、专业应急队伍、兼职应急队伍等。

③物资装备保障。明确生产经营单位的应急物资和装备的类型、数量、性能、存放位置、运输及使用条件、管理责任人及其联系方式等内容。

④其他保障。根据应急工作需求而确定的其他相关保障措施（如经费保障、交通运输保障、治安保障、医疗保障、后勤保障等）。

（9）应急预案管理：

①应急预案培训。明确对生产经营单位人员开展的应急预案培训计划、方式和要求，使有关人员了解相关的应急预案内容，熟悉应急职责、应急程序和现场处置方案。如果应急预案涉及社区和居民，要做好宣传教育和告知等工作。

②应急预案演练。明确生产经营单位不同类型应急预案演练的形式、范围、频次、内容以及演练评估、总结等要求。

③应急预案修订。明确应急预案修订的基本要求，并定期进行评审，实现可持续改进。

④应急预案备案。明确应急预案的报备部门，并进行备案。

⑤应急预案实施。明确应急预案实施的具体时间、负责制订与解释的部门。

11.1.1.4.7　专项应急预案的主要内容

（1）事故类型和危害程度分析：

在危险源评估的基础上，对可能发生的事故类型和可能发生的季节及其严重程度进行确定。

（2）应急处置基本原则：

明确处置安全生产事故应当遵循的基本原则。

（3）组织机构及职责：

①应急组织体系：明确应急组织形式、构成单位或人员，并尽可能以结构图的形式表示出来。

②指挥机构及职责：根据事故类型，明确应急救援指挥机构总指挥、副总指挥以及各成员单位或人员的具体职责。应急救援指挥机构可以设置相应的应急救援工作小组，明确各小组的工作任务及主要负责人职责。

（4）预防与预警：

①危险源监控：明确本单位对危险源监测监控的方式、方法，以及采取的预防措施。

②预警行动：明确具体事故预警的条件、方式、方法和信息的发布程序。

（5）信息报告程序：

①事故报告原则；

②报警程序及时限；

③报警方式及内容；

④信息报告程序。

（6）应急处置：

①响应分级：针对事故危害程度、影响范围和单位控制事态的能力，将事故分为不同的等级。按照分级负责的原则，明确应急响应级别。

②响应程序：根据事故的大小和发展态势，明确应急指挥、应急行动、资源调配、应急避险、扩大应急等响应程序。

③处置措施：针对本单位事故类别和可能发生的事故特点、危险性，制定的应急处置措施，如火灾、坍塌、管线等事故应急处置措

施。

（7）应急物资与装备保障：

明确应急处置所需的物资与装备数量、管理和维护、正确使用等。

11.1.1.4.8　若实际情况发生重大变化，或者在应急演练中发现预案存在不足，要对预案进行评审，提出改进或纠正措施，并在规定的时限内完成预案的完善。

11.1.1.5　事故应急准备和演练

11.1.1.5.1　根据可能发生的事故特点，按照《应急预案》的要求，做好抢险人员、救援设备、物资和器材的预备工作。

11.1.1.5.2　《应急预案》编制完成后，项目部的安全质量部负责应急培训工作，组织开展事故应急救援演练，并对演练效果做出评价。应急培训和应急演练，必须做好相应的记录工作，接受上级相关部门的检查。

11.1.1.5.3　项目部充分利用广播、影视、板报、讲座、例会、工前工后会等多种形式，对项目施工人员广泛开展事故应急相关知识的教育及培训。应急培训主要内容包括：

（1）事故预防、控制、抢险知识和技能。

（2）安全生产法律、法规及规章制度。

（3）个人防护常识。

（4）工作协调、配合有关要求。

11.1.1.5.4　演练目的：

（1）检验预案的实用性、可用性、可靠性。

（2）检验全体人员是否明确自己的职责和应急行动程序，以及应急队伍的协同反应水平和实战能力。

（3）提高人们避免事故、防止事故、抵抗事故的能力，提高对事故的警惕性。

（4）取得经验以改进所制订的行动方案。

11.1.1.5.5　演练方案：

（1）报警。

（2）接警。

（3）现场处理及抢救。

（4）事故处理。

（5）善后处理。

（6）终止。

11.1.1.6　应急培训和应急演练，必要时可以邀请相关专家参加。

标准化工作应有的制度和记录：

（1）应急管理机构设置文件（或指定专人负责应急管理文件）；

（2）建立应急救援队伍或指定专（兼）职应急救援人员的文件；

（3）注意管理机构与救援队伍不是一个概念。

11.2　应急预案

11.2.1　在危险源辨识、风险分析的基础上，根据《生产经营单位生产安全事故应急预案编制导则》（GB/T 29639—2013）的要求，建立健全生产安全事故应急预案体系（包括综合预案、专项预案、现场处置方案等），项目部的应急预案体系应与项目法人和地方政府的应急预案体系保持一致。

标准化工作应有的制度和记录：

（1）单位主要负责人签署、正式文件发布。

（2）综合应急预案主要内容包括总则、生产经营单位概况、组织机构及其职责、预防与预警、信息发布、后期处理、保障措施、培训与演练、奖惩、附则 10 个部分。

（3）专项应急预案主要内容包括事故类型和危害程度分析、

应急处置基本原则、组织机构及职责、预防与预警、信息报告程序、应急处置、应急物资与装备保障 7 个部分。

（4）现场处置方案主要内容包括事故特征、应急组织与职责、应急处置、注意事项 4 个部分。

11.2.2　建立应急预案评审制度，并根据评审结果和实际情况进行修订和完善。

标准化工作应有的制度和记录：

（1）应急预案评审制度明确应急预案评审职责及权限、内容、时机、程序。

（2）应急预案编制完成后应经过评审。评审分自行评审、上级评审和政府有关部门评审。评审一般由编制单位部门组织，相关分管负责人、相关人员（包括专家）参加。

（3）评审最终形成书面纪要。

（4）如随着时间的推移和生产经营活动的进行，应急预案的制订依据、执行主体、实施环境和条件发生变化，企业应当根据实际情况适时组织评审，并根据评审结果及时修订，保证应急预案的有效性。评审周期不应超过 3 年。

（5）每次突发事件处理结束后也应对应急预案及相关防范措施进行评估，依据评估结果对应急预案和防范措施进行修订和整改。

11.3　应急设施、装备、物资

11.3.1　建立应急资金投入保障机制，妥善安排应急管理经费，储备应急物资，建立应急装备和应急物资台账，明确存放地点和具体数量。

标准化工作应有的制度和记录：

（1）应急资金投入保障机制；

（2）应急物资台账。

11.3.2　对应急装备和物资进行经常性的检查、维护，确保其完好、可靠。

标准化工作应有的制度和记录：应急装备、物资检查、维护、保养记录。

11.4　应急演练

11.4.1　每年至少组织一次生产安全事故应急知识培训和演练，操作人员、专（兼）职应急救援人员掌握直接相关的应急知识。

标准化工作应有的制度和记录：

（1）每年应至少组织一次应急知识培训，记录内容包括参加人员、活动时间、培训内容。

（2）根据本企业事故预防重点，每年至少组织一次综合安全生产事故应急预案演练，每半年至少组织一次现场处置方案演练。记录内容包括参加人员、活动时间、具体内容、活动方式、活动结果。

11.4.2　对应急演练的效果进行评估，并根据评估结果修订、完善应急预案。

标准化工作应有的制度和记录：应急预案演练结束后，应急预案演练组织单位应当对应急预案演练效果进行评估，撰写应急预案演练评估报告，分析存在的问题，并对应急预案提出修订意见。

11.5　事故救援

11.5.1　发生事故后，立即采取应急处置措施，启动相关应急预案，开展事故救援，必要时寻求社会支援。

标准化工作应有的制度和记录：发生事故启动应急预案记录。

应急救援总结。

11.5.2 应急救援结束后,应尽快完成善后处理、环境清理、监测等工作,并总结应急救援工作。

标准化工作应有的制度和记录:

(1)总结应急预案和应急管理工作中的缺陷。

(2)分析应急培训内容与实际救援差距以及救援人员的个人救援能力情况。

(3)进一步确定应急设施、设备和资源的充分性与完整性。

(4)确定应急救援行动是否达到预期目的。

第 12 章　事故报告、调查和处理

12.1　事故报告

12.1.1　生产安全事故报告、调查和处理制度应明确事故报告、事故调查、原因分析、纠正和预防措施、责任追究、统计与分析等内容。

制度范例如下。

F.1　总　则

1.为了规范施工安全事故的报告和调查处理,落实施工安全事故责任追究制度,防止和减少施工安全事故,根据国务院《生产安全事故报告和调查处理条例》(国务院令第 493 号)和有关规定,特制定本制度。

2.本制度所称的"施工安全事故",是指没有达到国务院《生产安全事故报告和调查处理条例》中规定的"特别重大事故、重大事故、较大事故、一般事故"的等级事故,发生在施工现场的所有造成人员伤害或带来经济损失的事故。

3.根据施工安全事故(以下简称事故)造成的人员伤害或者直接经济损失,事故一般分为以下类别:

(1)一类事故。是指发生轻伤或直接经济损失 10000 元(含)

以下的。

（2）二类事故。是指发生轻伤或直接经济损失 10000～50000 元（含）的。

（3）三类事故。是指发生重伤或直接经济损失 50000 元以上的。

（4）四类事故。是指虽未造成人员受伤或一定经济损失，但影响较大给企业带来一定信誉损失的。

4.事故报告应当及时、准确、完整，任何人对事故不得迟报、漏报、谎报或者瞒报。事故调查处理应当坚持实事求是的原则，及时、准确地查清事故经过、事故原因和事故损失，查明事故性质，认定事故责任，总结事故教训，提出整改措施，并对事故责任人按照规定追究责任。

F.2　事故报告

1.事故发生后，事故现场有关人员应当立即向项目经理（主持工作的常务副经理）与党总支书记报告；项目经理（主持工作的常务副经理）接到报告后，应先后及时向公司分管领导与主管领导汇报（项目经理因特殊原因无法汇报时，由党总支书记汇报）。

（1）发生一类事故与二类事故，项目经理应在 48 小时内上报。

（2）发生三类、四类事故，项目经理应在 24 小时内上报。

2.报告事故应当包括下列内容：

（1）事故发生的时间、地点以及事故现场情况；

（2）事故简要经过；

（3）事故已经造成或者可能造成的伤害人数和初步估计的直接经济损失；

（4）已经采取的措施；

（5）其他应当报告的情况；

（6）事故报告后出现新情况的，应当及时补报。

3. 项目经理(主持工作的常务副经理)与党总支书记接到事故报告后,应当立即启动事故相应应急预案,或者采取有效措施,组织抢险,防止事故扩大,减少人员伤亡和财产损失。

4. 事故发生后,项目经理与党总支书记要求相关人员如实做好影像记录,或者绘制现场简图做出书面记录,妥善保存现场重要痕迹、物证。

F.3 事故调查

1. 事故调查组成立权限:

(1)发生一类事故与二类事故,公司责成发生事故的项目部自行组织事故调查组进行调查。

(2)发生三类事故和四类事故,由公司组成事故调查组进行调查。

2. 事故调查组履行下列职责:

(1)查明事故发生的经过、原因、人员伤害情况及直接经济损失;

(2)认定事故的性质和事故责任;

(3)提出对事故责任者的处理建议;

(4)总结事故教训,提出防范和整改措施;

(5)提交事故调查报告。

3. 事故调查组有权向项目部和个人了解与事故有关的情况,并要求其提供相关文件、资料,项目部和个人不得拒绝。

4. 提交报告的时间:

(1)发生一类事故和二类事故,项目部在事故发生后7日内向公司提交事故调查报告;

(2)发生三类事故和四类事故,调查组在调查结束后7日内向公司领导提交事故调查报告。

5. 事故调查报告包括以下内容:

(1)事故发生经过和事故救援情况;

(2)事故造成的人员伤亡和直接经济损失;

(3)事故发生的原因和事故性质;

(4)事故责任的认定以及对事故责任者的处理建议;

(5)事故防范和整改措施;

(6)事故调查报告应当附具有关证据材料。事故调查组成员应当在事故调查报告上签名。

F.4 事故处理

1.项目经理(主持工作的常务副经理)与党总支书记有下列行为之一的,每发现一起,除扣除《生产经营主要指标绩效考核责任状》"安全奖"的10%外,另按事故造成"直接经济损失"的1%予以罚款(发生影响较大事故的处1000元罚款):

(1)不立即组织事故抢救的;

(2)迟报或者漏报事故的;

(3)在事故调查处理期间不积极配合或者抵制调查的。

2.项目经理(主持工作的常务副经理)与党总支书记有下列行为之一的,每发现一起,除扣除《生产经营主要指标绩效考核责任状》"安全奖"的20%外,另按事故造成"直接经济损失"的2%予以罚款(发生影响较大事故的处2000元罚款):

(1)谎报或者瞒报事故的;

(2)拒绝接受调查或者拒绝提供有关情况和资料的。

3.项目经理(主持工作的常务副经理)与党总支书记未履行安全生产管理职责,导致事故发生的,按事故造成"直接经济损失"的一定比例予以罚款:

(1)发生一类事故的,免予处罚;

(2)发生二类事故的,按1%予以罚款;

(3)发生三类事故的,按2%予以罚款;

(4)发生四类事故的,视情节处3000~5000元罚款。

发生国务院《生产安全事故报告和调查处理条例》(国务院令

第 493 号)的等级事故,事故报告与调查处理从其规定。

标准化工作应有的制度和记录:

(1)正式文件发布;

(2)应明确事故报告、事故调查、原因分析、纠正和预防措施、责任追究、统计与分析等内容。

12.1.2　发生事故后按照有关规定及时、准确、完整地向有关部门报告。

标准化工作应有的制度和记录:

(1)事故发生单位概况;

(2)事故发生的时间、地点以及事故现场情况;

(3)事故的简要经过;

(4)事故已造成或者可能造成的伤亡人数(包括下落不明的人数)和初步估计的直接经济损失;

(5)已经采取的措施;

(6)其他应当报告的情况。

12.1.3　发生事故后,主要负责人或其代理人应立即到现场组织抢救,采取有效措施,防止事故扩大,并保护事故现场及有关证据。

标准化工作应有的制度和记录:主要负责人应立即到现场组织抢救,采取有效措施,防止事故扩大。

12.2　事故调查和处理

12.2.1　按照有关规定的要求,组织事故调查组或配合有关部门对事故进行调查,查明事故发生的时间、经过、原因、人员伤亡情况及直接经济损失等,并编制事故调查报告。

标准化工作应有的制度和记录:事故调查报告包括企业内部调查报告和有关部门的调查报告。

事故调查报告应当包括下列内容：

(1)事故发生单位概况；

(2)事故发生经过和事故救援情况；

(3)事故造成的人员伤亡和直接经济损失；

(4)事故发生的原因和事故性质；

(5)事故责任的认定以及对事故责任者的处理建议；

(6)事故防范和整改措施。

12.2.2　按照"四不放过"的原则,对事故责任人员进行责任追究,落实防范和整改措施。

标准化工作应有的制度和记录:安全管理部门要组织事故责任单位、部门按照指定的事故防范措施进行整改,对事故整改效果进行检查、验证。

12.2.3　妥善处理伤亡人员的善后工作,并按照《工伤保险条例》办理工伤,及时申报工伤认定材料,并保存档案。

标准化工作应有的制度和记录:

(1)工伤认定材料。

(2)工伤档案。

12.2.4　建立完善的事故档案和事故管理台账,并定期对事故进行统计分析。

事故档案应包括现场图、调查记录、分析会记录、报告书、处理决定、防范措施制定与落实。

事故统计内容主要包括事故发生单位的基本情况、事故发生的起数、死亡人数、重伤人数、急性工业中毒人数、单位经济类型、事故类别、事故原因、直接经济损失。

标准化工作应有的制度和记录:

(1)生产安全事故管理档案。

(2)事故管理台账。

(3)生产安全事故定期统计分析文件。

第 13 章　绩效评定和持续改进

13.1　绩效评定

13.1.1　安全标准化绩效评定制度应明确评定的组织、时间、人员、内容与范围、方法与技术、报告与分析等要求。

标准化工作应有的制度和记录:正式文件颁发;制度内容全,针对性强,操作性好。

13.1.2　每年至少组织一次安全标准化实施情况的检查评定,验证各项安全生产制度措施的适宜性、充分性和有效性,检查安全生产工作目标、指标的完成情况,提出改进意见,形成评定报告。发生死亡事故后,重新进行评定。

13.1.2.1　安全委员会全体成员参与,按职责进行明确分工,确定评定各环节的主要负责人,并协调各部门积极参与到评定工作中。

评定报告应按照相应的评定标准或评分细则中的要素,逐条进行详细分析和论述。

13.1.2.2　安全生产标准化的评定结果要明确下列事项:

(1)系统运行效果;

(2)系统运行中出现的问题和缺陷,所采取的改进措施;

(3)统计技术、信息技术等在系统中的使用情况和效果;

(4)系统各种资源的使用效果;

（5）绩效监测系统的适宜性以及结果的准确性；

（6）与相关方的关系。

标准化工作应有的制度和记录：

（1）绩效评定：①评定时机：至少1次/年；死亡事故后。②评定对象：工作目标、指标完成情况；制度的适宜性、充分性、有效性。

（2）通报：评价报告。

（3）结果：①纳入单位本年度绩效考核；②纳入下一年度安全生产标准化工作计划、安全生产目标、规章制度、操作规程修改完善工作中。

13.1.3　评定报告以企业正式文件下发，向所有部门、所属单位通报安全标准化工作评定结果。

13.1.3.1　要采用企业内部最有效的方式进行评定报告的通报，确保所有部门、单位、从业人员能清楚地了解到本单位安全管理的实际状况。

13.1.3.2　为保证通报全面到位，可适当安排对有关人员进行抽查，促进全体人员都能知悉、评定报告的基本内容，包括主要问题、得分情况等。

标准化工作应有的制度和记录：安全标准化实施情况检查评定报告通报记录。

13.1.4　将安全标准化工作评定结果，纳入单位年度安全绩效考评。

13.1.4.1　企业应对原有的安全绩效考评内容进行相应的要求，以符合本节的要求，促进安全管理水平的进一步提高。

13.1.4.2　奖惩要结合，既有对做得好的当事部门、员工的奖励，又有对不到位的处罚。

标准化工作应有的制度和记录：年度安全绩效考评（纳入安全标准化评定结果）。

13.2　持续改进

　　根据安全标准化的评定结果,及时对安全生产目标、规章制度、操作规程等进行修改,完善安全标准化的工作计划和措施,实施 PDCA 循环,不断提高安全绩效。

　　标准化工作应有的制度和记录:安全标准化工作计划和措施、安全生产目标、安全生产规章制度、安全生产操作规程等按年度进行评审,根据意见进行修订,并保存评审、修改意见等记录。修订过要重新发布。

附　件

安全操作规程要求

一、架子工安全操作规程

（1）架子工必须经专业安全技术培训,考试合格,持特种作业操作证方可上岗作业。

（2）架子工必须经过体检,凡患有高血压、心脏病、癫痫病、晕高或视力不够以及不适合登高作业的其他条件,不得从事登高架设作业。高空作业时要穿防滑鞋。

（3）钢管脚手架应用外径48~51 mm、壁厚3~3.5 mm的钢管,长度以4~6.5 m和2.1~2.3 m为宜。有严重锈蚀、弯曲、压扁或裂纹的不得使用。

（4）钢制脚手板应采用2~3 mm的1级钢材,长度为1.5~3.5 m,宽度23~25 cm,肋高以5 cm为宜,两端应有连接装置,板面应钻有防滑孔。凡是有裂纹、扭曲的不得使用。

（5）钢管脚手架立杆应垂直稳放,在金属底座或垫木上,立杆间距不得大于2 m,大横杆间距不得大于1.5 m,小横杆间距不得大于1.5 m。

（6）施工防水、绑扎钢筋用的脚手架,宽度不得小于0.8 m,立杆间距不得大于2 m,大横杆间距不得大于1.8 m。

（7）架子的铺设宽度不得小于1.2 m,脚手板须满铺,不得有空隙和探头板,脚手板搭接时大于20 cm,对头接时应设双排小横杆,间距小于等于20 cm,在拐弯处脚手板应交叉搭接。

（8）正确使用个人防护用品,（紧身紧袖）在高处（2 m以上）

作业时必须着装灵便,必须佩戴安全带并与已搭好的立、横杆挂牢,穿防滑鞋。作业时精力要集中、团结协作、互相响应、统一指挥、不得"走过档"和跳跃架子,严禁打闹玩笑、酒后上岗。

(9)班组接受任务后,必须组织全体人员,认真领会安全专项施工方案和安全技术交底,研讨搭设方法,明确分工,并派1名技术好、有经验的人员负责搭设技术指导和监护。

(10)六级以上(含六级)强风和大雨、大雪、大雾等恶劣天气,应停止露天作业。风、雨、雪过后要进行检查,发现倾斜下沉、松扣、崩扣要及时修复,合格后方可使用。

(11)脚手架要结合工程进度搭设,搭设未完的脚手架,在离开作业岗位时,不得留有固定构件和不安全隐患,确保架子稳定。

(12)在带电设备附近搭、拆脚手架时,宜停电作业。在外电架空线路附近作业时,脚手架外侧边缘与外电架空线路的边线之间的最小安全操作距离不得小于附表1内数值。

附表1　在建工程的外侧与外电架空线路边线之间的最小安全操作距离

外电线路电压 (kV)	1 以下	1 ~ 10	35 ~ 110	154 ~ 220	330 ~ 500
最小安全 操作距离 (m)	4	6	8	10	15

(13)在建筑工程(含脚手架)的外侧边缘与外电架空线路的边缘之间的距离不得小于最小安全操作距离符合附表1的规定。(注:上、下脚手架斜道严禁搭设在有外电线路的一侧)

(14)各种非标准的脚手架,跨度过大、负载超重等特殊架子或其他新型脚手架,按专项安全施工组织设计批准的意见进行作业。

(15)脚手架搭设到高于在建建筑物顶部时,里排立杆要低于沿口 40～50 mm,外排立杆高出沿口 1～1.5 m,搭设两道护身栏,并挂密目安全网。

（16）脚手架搭设、拆除、维修和升降由架子工负责,非架子工不准从事脚手架操作。

（17）工程施工完毕经全面检查,确认不再需要脚手架,由工程负责人签字后,方可进行拆除。拆除前,应将存留在脚手架上的材料、杂物等清除干净。拆除脚手架,周围应设围栏或警戒标志,并设专人看管,禁止人入内。拆除应按顺序由上而下,一步一清,不准上下同时作业。拆除脚手架大横杆、剪刀撑,应先拆中间扣,再拆两头扣,由中间操作人往下顺杆子。拆下的脚手杆、脚手板、钢管、扣件、钢丝绳等材料,应向下传递或用绳吊下,禁止往下投扔。

二、电工安全操作规程

（1）电工作业必须经专业安全技术培训,考试合格,必须持（市）级以上劳动保护安全监察机关核发的特种作业证明,方准上岗独立操作。非电工严禁进行电气作业。

（2）电工接受电气安装任务后,必须认真领会落实临时用电安全施工组织设计（施工方案）和安装技术措施交底的内容,施工用电线路架设必须按施工图规定进行,临时用电使用超过六个月（含六个月）的,应按正式线路架设。改变安全施工组织设计规定,必须经原施工组织设计编制负责人及审批单位领导同意签字,未经同意不得改变。

（3）电工作业时,必须穿绝缘鞋、戴绝缘手套,酒后不准操作。

（4）所有绝缘、检验工具,应妥善保管,严禁他用,并应定期检查、校验,保证正确可靠接地或接零。所有接地或接零处,必须保证可靠电气连接。PE 保护零线必须采用绿/黄双色线,严格与相线、工作零线相区别,不得混用。

（5）电气设备的设置、安装、防护、使用、维修必须符合《施工现场临时用电安全技术规范》（JGJ 46—2005）（以下简称《规范》）的要求。

（6）电气设备不带电的金属外壳、框架、部件、管道、金属操作台和移动式碘钨灯的金属柱等，均应做保护接零。

（7）定期和不定期地对临时用电工程的接地、接地设备绝缘和漏电保护开关进行检测、维修，发现隐患及时清除，并建立检测维修记录。

（8）临电维修严禁带电作业，在维修时必须断电，电力传动装置系统及高低压各种类型开关调试时，应将有关的开关手柄取下或锁上，悬挂标志牌，防止误合闸。

（9）严格执行送断电程序，送电程序：总配电箱—分配电箱—开关箱，断电程序：开关箱—分配电箱—总配电箱。

（10）有人触电，立即切断电源，进行急救；电气着火，应立即将有关电源切断，使用干粉灭火器或干砂灭火。

（11）工程竣工后，临时用电工程拆除，应按顺序先断电源，后拆除，不得留有隐患。

（12）所有绝缘、检验工具，应妥善保管，严禁他用，并定期检查、校验。

（13）施工现场夜间临时照明电线及灯具高度应不低于2.5m。

（14）照明开关、灯口及插座等，应正确接入火线及零线。

三、混凝土工安全操作规程

（1）用输送泵输送混凝土，管道接头、安全阀必须完好，管道的架子必须牢固，输送前必须试送，检修必须卸压。

（2）浇灌混凝土使用的溜槽及串筒节间必须连接牢固，操作部位应有护身栏杆，不准直接站在溜槽帮上操作。

（3）离地面 2 m 以上浇捣时，不准站在搭头上操作，如无可靠的安全设施时，必须戴好安全带，并扣好保险钩。

（4）用吊车运送混凝土时，小车必须焊有牢固的吊环，吊点不得少于 4 个并保持车身平衡；使用专用吊斗时吊环应牢固可靠，吊索千斤绳应符合起重机械安全规程要求。

（5）浇灌混凝土框架、梁、柱，应设操作台，不得直接站在模板或支撑上操作。

（6）混凝土振捣器应设单一开关，并装设漏电保护器，插座插头应完好无损。使用振动棒应穿绝缘胶鞋，湿手不得接触开关，电源线不得有破皮漏电。

（7）混凝土振捣时，应穿戴好防护用具，使用振动机前应检查电源电压，必须经过三级漏电保护，电源线不得有接头，机械运转正常，振动机移动时，不能硬拉电线，更不能在钢筋和其他锐利物上拖拉，防止割破或拉断电线而造成触电事故。

四、木工安全操作规程

（1）高处作业时，材料码放必须平稳整齐。

（2）使用的工具不得乱放，地面作业时应随时放入工具箱内，高处作业应放入工具袋内。

（3）作业时使用的铁钉及工具等放入工具包内。

（4）作业前应检查所使用的工具，如手柄有无松动、断裂等，手持电动工具的漏电保护器应试机检查，合格后方可使用，操作时戴绝缘手套。

（5）使用手锯时，锯条必须松紧适度，下班时要放松，以防再使用时锯条突然暴断伤人。

（6）成品、半成品、木材应堆放整齐，不得任意乱放，不得存放在施工区域内，木材码放高度以不超过 1.2 m 为宜。

（7）支模时，严格按照支模方案，选好所用材料，按工序进行。

作业高度 2 m 以上时必须设安全防护。

（8）拆模时,应按预先确定的顺序和方案,不得猛砸蛮干,并设专人监护。

（9）操作木工机械时严格按照机械操作规程,杜绝违章。

（10）木工作业场所的刨花、木屑、碎木必须自产自清、日产日清、活完场清。

（11）用火必须事先申请用火证,并设专人监护。

（12）模板支撑不得使用腐朽、扭裂、劈裂的材料。顶撑要垂直,底端平整坚实,并加垫木,木楔要钉牢,并用横顺拉杆和剪刀撑拉牢。

（13）支撑应按工序进行,模板没有固定前,不得进行下一道工序。禁止利用拉杆、支撑攀登上下。

（14）支设 4 m 以上的立柱模板,四周必须钉牢,操作时要搭设工作台,不足 4 m 的,可使用马凳操作。

（15）支设独立梁模应设临时工作台,不得站在柱模上操作和在梁底模上行走。

（16）拆除模板应经施工技术人员同意。操作时应按顺序分段进行,严禁猛撬、硬砸或大面积撬落和拉倒。完工前不得留下松动和悬挂的模板。拆下的模板应及时运送到指定地点集中堆放,防止钉子扎脚。

五、钢筋工安全操作规程

(一)制作、绑扎

（1）作业前必须检查机械设备、作业环境、照明设施等,并试运行符合安全要求。机械作业人员必须经安全培训考试合格,方可上岗作业。

（2）钢材、半成品等应按规格、品种分别堆放整齐,制作场地平整,工作台要稳固,照明灯具必须加网罩。

（3）拉直钢筋,卡头要卡牢,地锚要结实牢固,拉筋沿线 2 m 区域内禁止行人。人工绞磨拉直,不准用胸、肚接触推杠,并缓慢松懈,不得一次松开。

（4）展开盘圆钢筋一头卡牢,防止回弹,切断时要先用脚踩紧。

（5）人工断料,工具必须牢固。掌錾子者和打锤者要站成斜角,注意扔锤区域内的人和物体。切断长度小于 30 cm 的短钢筋,应用钳子夹牢,禁止用手把扶,并在外侧设置防护箱笼罩。

（6）多人合作运钢筋,起、落、转、停动作要一致,人工上下传送不得在同一垂直线上。钢筋堆放要分散、稳当,防止倾倒和塌落。

（7）在高空、深坑绑扎钢筋和安装骨架,须搭设脚手架的马道。脚手架上不得集中码放钢筋,应随使用随运送。

（8）起吊钢筋架,下方禁止站人,必须待骨架降落地离地 1 m 以内始准靠近,就位支撑方可摘钩。

（9）操作人员必须熟悉钢筋、机械的构造性能和用途。严格按照机械操作规程加工钢筋,并应按照清洁、调整、紧固、防腐败、润滑的要求,维修保养好各类钢筋、机械。

（10）机械运行中停电时,应立即切断电源。收工时应按顺序停机、拉闸。锁好闸箱门,清理作业场所。电路故障必须由专业电工排除,严禁非电工接、拆、修电气设备。

（11）操作人员作业必须扎紧袖口,理好衣角,扣好衣扣,严禁戴手套。女工应戴工作帽,将头发挽入帽内不得外露。

（12）机械明齿轮、皮带轮等高速运转部分,必须安装防护罩或防护板。

（13）电动机械的电闸箱必须按规定安装漏电保护器,并应灵敏有效。

（14）工作完毕后,应用工具将铁屑、钢筋头清除,严禁用手擦抹或嘴吹。切好的钢材、半成品必须按规格码放整齐。

（15）在高空、深坑绑扎钢筋和安装骨架，须搭设脚手架和马道。

（16）绑扎立柱、墙体钢筋，不能站在钢筋骨架上和攀登骨架上下。柱筋在 4 m 以内，重量不大，可在地面或楼面上绑扎，整体竖起；柱筋在 4 m 以上，应搭设工作台，柱梁骨架，应用临时支撑拉牢，以防倾倒。

（17）绑扎基础钢筋时，应按施工设计规定摆放钢筋支架或用马凳架起上部钢筋，不得任意减少支架或马凳。

（二）冷拉

（1）根据冷拉钢筋的直径，合理选用卷扬机，卷扬钢丝绳应经封闭式导向滑轮并和被拉钢筋方向成直角。卷扬机的位置必须使操作人员能见到全部冷拉场地，距离冷拉中线不少于 5 m。

（2）冷拉场地在两端地锚外侧设置警戒区，装设防护栏杆及警告标志。严禁无关人员在此停留。操作人员在作业时必须离开钢筋至少 2 m 以外。

（3）作业前，应检查冷拉夹具，夹齿必须完好，滑轮、拖拉小车润滑灵活，拉钩、地锚及防护装置均应齐全牢固，确认良好后，方可作业。

（4）卷扬机操作人员必须看到指挥人员发出信号，并待所有人员离开危险区后方可作业。冷拉应缓慢、均匀地进行，随时注意停车信号或见到有人进入危险区时，应立即停拉，并稍稍放松卷扬钢丝绳。

（5）用延伸率控制的装置，必须装明显的限位标志，并要有专人负责指挥。冷拉钢筋要严格按照规定应力和伸长率进行，不得随便变更。

（6）夜间工作照明设施，应设在张拉危险区外，如必须装设在场地上空，其高度应超过 5 m，灯泡应加防护罩，导线不得用裸线。

（7）作业后,应放松卷扬钢丝绳,落下配重,切断电源,锁好电闸箱。

（三）切断机

（1）接送料工作台面应和切刀下部保持水平,工作台的长度可根据加工材料长度决定。

（2）启动前,必须检查切刀应无裂纹,刀架螺栓紧固,防护罩牢靠,然后用手转动皮带轮,检查齿轮啮合间隙,调整切刀间隙。

（3）启动后先空转,检查各传动部分及轴承运转正常后方可作业。

（4）机械未达到正常运转速时不得切料,切料时必须使用切刀的中下部位,紧握钢筋对准切口迅速送入。

（5）切断短料时,手和切刀之间的距离应保持在 150 mm 以上;如手握端小于 40 mm,应用套管或夹具将钢筋短头压住或夹牢。

（6）切断机旁应设放料台,机械转动中严禁用手直接清除刀口附近的短头和杂物。在钢筋摆动范围和刀口附近,非操作人员不得停留。

（7）发现机械运转不正常有异响或切刀歪斜等情况,应立即停机检修。

（8）作业后用钢刷清除切刀间的杂物,进行整机清洁保养。

（四）调直机

（1）机械上不准堆放物品,以防机械振动落入机体。

（2）料架、料槽应安装平直,对准导向筒、调直筒和下切刀孔的中心线。

（3）用手转动飞轮,检查传动机构和工作装置,调整间隙,紧固螺栓,确认正常后,启动空运转,检查轴承应无异响,齿轮啮合良好,待运转正常后,方可作业。

（4）按调直钢筋的直径,选用适当的调直块及传动速度。经调试合格,方可送料。

(5)在调直块未固定、防护罩未盖好前不得送料。作业中严禁打开各部位防护罩及调整间隙。

(6)钢筋装入压滚,手与滚筒应保持一定距离。机器运转中不得调整滚筒。严禁戴手套操作。

(7)送料前应将不直的料头切去,导向筒前应装一根 1 m 长的钢管,钢筋必须先穿过钢管再送入调直前端的导孔内。

(8)钢筋调直到末端时,操作人员必须躲开,以防甩动伤人。

(9)短于 2 m 或直径大于 9 mm 的钢筋调直,应低速加工。

(10)作业后,应松开调直筒的调直块并回到原来位置,同时预压弹簧必须回位。

(五)弯曲机

(1)工作台和弯曲机台面要保持水平,并准备好各种芯轴及工具。

(2)按加工钢筋的直径和弯曲半径的要求装好芯轴、成型轴、挡铁轴或可变挡架,芯轴直径应为钢筋直径的 2.5 倍。

(3)检查芯轴、挡块、转盘应无损坏和裂纹,防护罩紧固可靠,经空运转确认正常后,方可作业。

(4)钢筋要贴紧挡板,注意放入插头的位置和回转方向,不得开错。

(5)作业时,将钢筋需弯的一头插在转盘固定销的间隙内,另一端紧靠机身固定销,并用手压紧,检查机身固定销确实安在挡住钢筋的一侧,方可开动。

(6)作业中,严禁更换芯轴、销子和变换角度以及调速等作业,亦不得加油或清扫。

(7)弯曲钢筋时,严禁超过本机规定的钢筋直径、根数及机械转速。

(8)弯曲长钢筋应有专人扶住,并站在钢筋弯曲方向的外面,互相配合,不得拖拉。

(9)调头弯曲,防止碰撞人和物。更换插头,加油和清理,必须停机后进行。

(10)弯曲高强度或低合金钢筋时,应按机械铭牌规定换算最大限制直径并调换相应的芯轴。

(11)严禁在弯曲钢筋的作业半径内和机身不设固定销的一侧站人。弯曲好的半成品应堆放整齐,弯钩不得朝上。

(12)转盘换向时,必须在停稳后进行。

(六)点焊、对焊机

(1)焊接操作及配合人员必须按规定穿戴劳动防护用品,并必须采取防止触电事故。

(2)施工焊接现场 10 m 范围内,不得堆放油类、木材、氧气瓶、乙炔发生器等易燃易爆物品。焊机应设在干燥的地方,平稳牢固,要有可靠的接地装置,导线绝缘良好。

(3)焊接前,应检查并确认对焊机的压力机构灵活,夹具牢固,气压、液压系统无泄漏,一切正常后,方可施焊。

(4)焊接前,应根据所焊接钢筋截面,调整二次电压,不得焊接超过对焊机规定直径的钢筋,发现焊头漏电,立即更换,禁止使用。

(5)断路器的接触点、电极应定期磨光,二次电路全部连接螺栓应定期紧固。冷却水温度不得超过 40 ℃;排水量应根据温度调节。闪光区应设挡板,与焊接无关的人员不得入内。

(6)操作时应戴防护眼镜和手套,并站在橡胶板或木板上。工作棚要用防火材料搭设。棚内严禁堆放易燃易爆物品,并备有灭火器材。

(7)对焊机断路器的接触点、电极(铜头),要定期检查修理。冷却水管保持畅通,不得漏水和超过规定温度。

(8)焊接较长钢筋时,应设置托架,配合搬运钢筋的操作人员,在焊接时应防止火花烫伤。

(9)冬季施焊时,室内温度不应低于8 ℃。作业后,应放尽机内的冷却水。

六、电焊工安全操作规程

(1)电焊机外壳必须接地良好,其电源的装拆应由电工进行。焊接时,操作人员必须戴手套,穿绝缘鞋。电焊工必须持证上岗,一次进线不得超过5 m,二次进线不得超过30 m,二次进线必须双线到位,禁止用金属构架及设备等作为焊接回路。

(2)电焊作业,要持有操作证、用火证并清理周围易燃易爆物品,配备合格有效的消防器材,电焊作业前需进行动火审批,作业时应有看火人旁站消防监督。

(3)电焊机要设单独的开关,开关应放在防雨的闸箱内,拉合时应戴手套侧向操作。焊钳与把线必须绝缘良好,连接牢固,更换焊条应戴手套,潮湿地点工作应站在绝缘胶板上或木板上。

(4)严禁在带压力的窗口或管道上施焊,焊接带电的设备必须先切断电源。

(5)焊接存易燃易爆有毒物品的容器或管道必须清除干净,并将所有孔口打开。

(6)在密闭金属容器内施焊时,容器必须可靠接地,通风良好,并应有人监护,严禁向容器内输入氧气。

(7)焊接预热件时,应有石棉布或挂板等隔热措施。

(8)把线、地线禁止与钢丝绳接触,更不得用钢丝绳或机电设备代替零线。所有地线接头,必须连接牢固。

(9)清除焊渣,采用电弧气刨清根部时,应戴防护眼镜或面罩,防止铁渣飞溅伤人。

(10)多台焊机在一起集中施焊时,焊接平台或焊件必须接地,应有隔光板。

（11）雷雨时,停止露天焊接作业。

（12）施焊周围有易燃易爆物时应清除、覆盖、隔离。

（13）工作结束,应切断电源,检查操作地点,确认无起火危险后,方可离去。

七、气焊工安全操作规程

（1）气焊作业,要持有操作证、用火证并清理周围易燃易爆物品,配备合格有效的消防器材,气焊作业前需进行动火审批,作业时应有看火人旁站消防监督。

（2）点燃焊（割）矩时,应先开乙炔阀点火,然后开氧气阀调整火焰。关闭时应先关闭乙炔阀,再关氧气阀。

（3）点火时,焊矩口不得对着人,不得将正在燃烧的焊矩放在工件或地面上。焊矩带有乙炔气和氧气时,不得放在金属容器内。

（4）作业中发现气路或气阀漏气时,必须立即停止作业。

（5）作业中若氧气管着火,应立即关闭氧气阀门,不得折弯胶管断气;若乙炔管着火,应先关熄矩火,可用弯折前面一段软管的办法止火。

（6）高处作业时,氧气瓶、乙炔瓶、液化气瓶不得放在作业区域正下方,应与作业点正下方保持在 10 m 以上的距离。必须清除作业区域下方的易燃物。

（7）不得将橡胶软管背在背上操作。

（8）作业后应卸下减压器,拧上气瓶安全帽,将软管盘起捆好,挂在室内干燥处;检查操作场地,确认无着火危险后方可离开。

（9）冬天露天作业时,如减压阀软管和流量计冻结,应使用热水（热水袋）、蒸汽或暖气设备化冻,严禁用火烘烤。

（10）使用氧气瓶应遵守下列规定:

①氧气瓶应与其他易燃气瓶、油脂和易燃易爆物品分别存放。

②存储高压气瓶时应旋紧瓶帽,放置整齐,留有通道,加以固

定。

③气瓶库房应与高温、明火地点保持 10 m 以上距离。

④氧气瓶在运输时应平放,并加以固定,其高度不得超过车厢槽帮。

⑤严禁用自行车、叉车或起重设备吊运高压钢瓶。

⑥氧气瓶应设有防震圈和安全帽,搬运和使用时严禁撞击。

⑦氧气瓶阀不得沾有油脂、灰尘。不得用带油脂的工作手套或工作服接触氧气瓶阀。

⑧氧气瓶不得在强烈日光下暴晒,夏季露天工作时,应搭设防晒罩、棚。

⑨氧气瓶与焊炬、割炬、炉子和其他明火的距离应不小于 10 m。与乙炔瓶的距离不得小于 5 m。

⑩开启氧气瓶阀门时,操作人员不得面对减压器,应用专用工具。开启动作要缓慢,压力表指针应灵敏、正常。氧气瓶中的氧气不得全部用尽,必须保持不小于 49 kPa 的压力。

⑪严禁使用无减压器的氧气瓶作业。

⑫安装减压器时,应首先检查氧气瓶阀门,接头不得有油脂,并打开阀站清除油垢,然后安装减压器。作业人员不得正对氧气瓶阀门出气口。关闭氧气阀门时,必须先松开减压器的阀门螺丝。

⑬作业中,如发现氧气瓶阀门失灵或损坏不能关闭,应待瓶内的氧气自动逸尽后,再行拆卸修理。

⑭检查瓶口是否漏气时,应使用肥皂水涂在瓶口上观察,不得用明火试。冬季阀门被冻结时,可用温水或蒸汽加热,严禁用火烤。

(11)使用乙炔瓶应遵守下列规定:

①现场乙炔瓶储存量不得超过 5 瓶,5 瓶以上时应放在储存间,储存间与明火的距离不得小于 15 m,并应通风良好,设有降温设施、消防设施和通道,避免阳光直射。

②储存乙炔瓶时,乙炔瓶应直立,并必须采取防止倾斜的措施。严禁与氯气瓶、氧气瓶及其他易燃易爆物同间储存。

③储存间必须设专人管理,应在醒目的地方设安全标志。应使用专用小车运送乙炔瓶。装卸乙炔瓶的动作应轻,不得抛、滑、滚、碰。严禁剧烈震动和撞击。

④汽车运输乙炔瓶时,乙炔瓶应妥善固定。气瓶宜横向放置,头向一方。直立放置时,车厢高度不得低于瓶高的 2/3。

⑤乙炔瓶与热源的距离不得小于 10 m。乙炔瓶表面温度不得超过 40 ℃。

⑥乙炔瓶使用时必须装设专用减压器,减压器与瓶阀的连接应可靠,不得漏气。

⑦乙炔瓶内气体不得用尽,必须保留不小于 98 kPa 的压力。

⑧严禁铜、银、汞等及其制品与乙炔接触。

(12)使用减压器应遵守下列规定:

①不同气体的减压器严禁混用。

②减压器出口接头与胶管应扎紧。

③减压器冻结时应采用热水或蒸汽加热解冻,严禁用火烤。

④安装减压器前,应略开氧气阀门,吹除污物。

⑤安装减压器前应进行检查,减压器不得沾有油脂。

⑥打开氧气阀门时,必须慢慢开启,不得用力过猛。

⑦减压器发生自流现象或漏气时,必须迅速关闭氧气瓶气阀,卸下减压器进行修理。

(13)橡胶软管应遵守下列规定:

①橡胶软管必须能承受气体压力,各种气体的软管不得混用。

②胶管的长度不得小于 5 m,以 10 ~ 15 m 为宜,氧气软管接头必须扎紧。

③使用中,氧气软管和乙炔软管不得沾有油脂,不得触及灼热金属或尖刃物体。

（14）氧气瓶、乙炔瓶必须装有两个防震橡皮圈，竖直安放在固定支架上，以免落地发生事故。

（15）氧气瓶、乙炔瓶在搬运和使用时应避免碰撞和震动，在运送时需拧上瓶帽。

（16）乙炔瓶必须直立不得放倒。直放的氧气瓶、乙炔瓶须防止它倾倒，横放的氧气瓶应防止它滚动。

（17）氧气瓶、乙炔瓶应有安全阀、压力表（压力表应完好，能够准确读取压力），并避免暴晒，乙炔瓶必须有防止回火的安全装置。

八、起重机司机安全操作规程

（1）作业前必须检查作业环境、吊索具、防护用品。吊装区域无闲散人员，障碍已排除。吊索具无缺陷，捆绑正确牢固，被吊物与其他物件无连接，确认安全后方可作业。起重司机应持证上岗，没有有效证件的严禁上岗操作。

（2）起重机应装设标明机械性能的指示器，并根据需要设卷扬限制器、载荷控制器、联锁开关等装置，使用前应检查试吊。

（3）钢丝绳在卷筒上必须排列整齐，尾部卡牢，工作中最少保留三圈以上。

（4）两机或多机抬吊时，必须有统一指挥，动作配合协调，吊重应分配合理，不得超过单机允许起重量的80%。

（5）操作中要听从指挥人员的信号，信号不明或可能引起事故时，应暂停操作。

（6）起吊时起重臂下不得有人停留和行走，起重臂物件必须与架空电线保持安全距离。

（7）起吊物件应拉流绳，速度要均匀，禁止突然制动和变换方向，平移应高出障碍物0.5 m以上，下落应低速轻放，防止倾倒。

（8）物件起吊时，禁止物件上站人或进行加工，必须加工时，应放下垫好并将吊臂、吊物及回转的制动器刹住,司机及指挥人员不得离开岗位。

(9)起吊在满负荷或接近满负荷时,严禁降落臂杆或同时进行两个动作。

(10)起吊重物严禁自由下落,重物下落应用手刹或脚刹控制缓慢下降。

(11)严禁斜吊和吊拔埋在地下或凝结在地面、设备上的物件。

(12)起重机停止作业时,应将起吊物件放下,刹住制动器,操纵杆放在空挡,并关门上锁。

(13)大雨、大雪、大雾及风力六级以上(含六级)等恶劣天气,必须停止露天起重吊装作业。严禁在带电的高压线下或一侧作业。

(14)在高压线垂直或水平方向作业时,必须保持附表2所列的最小安全距离。附表2为起重机与架空输电导线的最小安全距离。

附表2　起重机与架空输电导线的最小安全距离

输电导线电压(kV)	1 以下	1 ~ 15	20 ~ 40	60 ~ 110	220
允许沿输电导线垂直方向最近距离(m)	1.5	3	4	5	6
允许沿输电导线水平方向最近距离(m)	1	1.5	2	4	6

(15)起重吊装"十不吊"规定:

①起重臂和吊起的重物下面有人停留或行走不准吊。

②起重指挥应由技术培训合格的专职人员担任,无指挥或信号不清不准吊。

③钢筋、型钢、管材等细长和多根物件必须捆扎牢靠,多点起吊。单条千斤头或捆扎不牢靠不准吊。

④多孔板、积灰斗、手推翻斗车不用四点吊或大模板外挂板不用卸甲不准吊。

⑤吊砌块必须使用安全可靠的砌块夹具,吊砖必须使用砖笼,并堆放整齐。木砖、预埋件等零星物件要堆放稳妥,叠放不齐不准吊。

⑥楼板、大梁等吊物上站人不准吊。

⑦埋入地面的板桩、井点管等以及砖笼粘连、附着有物件不准吊。

⑧多机作业,应保证所吊重物距离不小于 3 m,在同一轨道上多机作业,无安全措施不准吊。

⑨六级以上强风区不准吊。

⑩斜拉重物或超过机械允许荷载不准吊。

九、起重工安全操作规程

(1)所有人员禁止在起重臂和吊起的重物下面停留或行走。

(2)使用卡环应使长度方向受力,抽销卡环应预防销子滑脱,有缺陷的卡环严禁使用。

(3)起重物件应使用交互捻制的钢丝绳。钢丝绳如有扭结、变形、断丝、锈蚀等异常现象,应及时降低使用标准或报废。

(4)使用三根以上绳扣吊装时,绳扣间的夹角如大于100°,应采取防止滑钩等措施。

(5)起吊物件,应合理设置溜绳。

(6)风力五级以上时停止吊装。

(7)起重工应持证上岗,没有有效证件的严禁上岗。

十、起重指挥安全操作规程

（1）指挥人员应由技术熟练、懂得起重机械性能、有操作证的人员担任。指挥时应站在能够照顾到全面工作的地点，所发信号应事先统一，并做到准确、明亮和清楚。

（2）指挥人员使用手势信号以本人的手心、手指或手臂表示吊钩、吊臂和机械移动的运动方向。

（3）指挥人员不能同时看清司机和负载时，必须增设中间指挥人员，以便逐级传递信号，当发现错误信号时，应立即发出停止信号。

（4）在开始起吊负载时，应先用"微动"信号指挥，待负载离开地面 100～200 mm 稳妥后，再用正常速度指挥。必要时在负载降落前，也应使用"微动"信号指挥。

（5）指挥人员阴天应佩戴鲜明的标志，如标有"指挥"字样的臂章、特殊颜色的安全帽、工作服等。

（6）指挥人员所戴手套的手心和手臂要易于辨别。

（7）司机必须听从指挥人员指挥，当指挥信号不明时，司机应发出"重复"信号询问，明确指挥意图后，方可开车。

（8）指挥人员应站在使司机能看清信号的位置上。当跟随负载运行指挥时，应随时指挥负载避开人员和障碍物。

（9）负载降落前，指挥人员必须确认降落区域安全，方可发出降落信号。

（10）对起重机司机和指挥人员，必须由有关部门进行标准的安全技术培训。经考试合格，取得合格证后方能操作指挥。

十一、普通工安全操作规程

（1）挖掘土方，两人操作间距保持 2～3 m，并由上而下逐层挖掘，禁止采用掏洞的操作方法。

（2）开挖沟槽、基坑等，应根据土质挖掘深度放坡，必要时设置固壁支撑。挖出的泥土应堆放在沟 1 m 以外，并且高度不得超过 1.5 m。

（3）吊运土方，绳索、滑轮、钩子、箩筐等应完好牢固，起吊时垂直下方不得有人。

（4）使用蛙式打夯机，电源电缆必须完好无损。操作时，应戴绝缘手套，严禁夯打电源线。在坡地或松土处打夯，不得背着牵引打夯机。停止使用时应拉闸断电，始准搬运。

（5）用手推车装运物料，应注意平衡，掌握重心，不得猛跑或撒把溜放。前后车距在平地不得小于 2 m，下坡不得少于 10 m。

（6）从砖垛上取砖应由上而下阶梯式拿取，禁止一码拆到底或在下面掏取。整砖和半砖应分开传送。

（7）脚手架上放砖的高度不准超过三层侧砖。车辆未停稳，禁止上下和装卸物料，所装物料要垫好垫牢。开车人应站在侧面。

（8）在脚手架、操作平台等高处用水管浇水或移动水管作业时，不得倒退猛拽。严禁在脚手架、操作平台上坐、躺和背靠防护栏休息。

十二、压刨、圆盘锯安全操作规程

（1）机床只准采用单向开关，不准使用倒顺双向开关，三、四面刨，要按顺序开动。

（2）送料、接料不准戴手套，并应站在机床一侧，刨削量每次不得超过 5 mm。

（3）进料必须平直，发现料走横或卡住，应停机降低台面拨正，遇硬节减慢速度，送料时手必须离开滚筒 20 cm 以外，接料必须待料走出台面。

（4）刨短料长度不得短于前后压滚距离，厚度小于 1 cm 的木料，必须垫托板。

（5）圆盘锯护罩要齐全,不得随意拆除。

（6）操作前应进行检查,锯片不得有裂口,螺丝应上紧。

（7）操作要戴防护镜,站在锯片一侧,禁止站在锯片同一直线上,手臂不得跨越锯片。遇硬节慢推,接料要待料出锯片15 cm以上,不得用手硬拉。

（8）短窄料应用推棍,接料使用刨钩。超过锯片半径的木料,禁止亡锯。

十三、卷扬机安全操作规程

（1）卷扬机操作手必须熟悉本机械的性能、构造、操作方法,持有劳动和社会保障局颁发的操作证。

（2）操作前,要检查卷扬机的地锚、上料架是否牢固,同时要检查离合器、制动器是否灵敏可靠,外露皮带、齿轮等传动装置、防护罩是否齐全。

（3）钢丝绳排列要整齐,在提升吊篮的过程中,在卷筒上至少要保留3~5圈,钢丝绳的磨损程度不超过10%,通过滑轮的钢丝绳不能有接头。

（4）卷扬机应有专人使用和保养,经常检查接地线路是否良好,如发现电气设备漏电或其他故障时,及时报告工长,不得擅自修理。

（5）吊篮必须装有安全门,只能提升物料,严禁载人。吊篮在空中停留,除使用制动器外,同时要用停放架垫好。严禁有人跨越钢丝绳在吊篮下面行走。

（6）上料架必须有良好的接地和避雷装置。每周要检查一次限位器是否灵活可靠。用吊篮提重物时,砖、灰不能超过0.5 t,严禁运送超重、超长物品。

（7）作业中停电时,应切断电源。将提升物件或吊篮降至地面。

（8）操作完毕,应将提升吊篮或物件降至地面,并应切断电源,锁好开关箱。

十四、平刨安全操作规程

(1)平刨必须有安全防护装置,否则禁止使用。

(2)刨料应保持身体平衡,双手操作。刨大面时,手要按在料上面,刨小面时,手指不低于料高的一半,并不小于 8 cm,禁止手在料后推送。

(3)刨削量每次一般不得超过 1.5 mm。进料速度保持均匀,经过刨口时用力要轻,禁止在刨刃上口回料。

(4)刨厚度小于 1.5 cm、长度小于 30 cm 的木料,必须用压板或推棍,禁止用手推。

(5)遇节疤要减慢推料速度,禁止手按在节疤上推料。刨旧料必须将铁钉、泥沙清除干净。

(6)换刀片时应拉闸断电、摘掉皮带后进行。

(7)同一刨机上的刀片重量、厚度必须一致,刀架与刀片须吻合,刀片螺丝应嵌在槽内。

十五、打夯机安全操作规程

(1)夯机使用前检查绝缘线路、漏电保护器、定向开关、皮带、偏心块等,确认无问题方可使用。

(2)夯机操作时,要两人操作:一人扶夯机,一人整理线路,防止夯头夯打电源线。

(3)夯机拐弯时,不得猛拐和撒把不扶,任其自由行走。

(4)夯机作业时,机前 2 m 内不得有人,多台夯机夯打时,其左右距离不得小于 5 m,作业人员穿绝缘鞋、戴绝缘手套。

(5)随机的电源线应保持 3~4 m 的余量,发现电源线缠绕、破裂时要及时断电,停止作业,马上修理。

(6)挪夯机前要断电,绑好偏心块,盘好缆线。工作完后断电锁好,放在干燥处。

十六、混凝土振捣器安全操作规程

(1)在使用前检查部件和软轴接线是否正确,试运转后,方可使用。

(2)单设电源线和电源箱,箱内要有漏电保护器,电机外壳做好接零保护。工作时两人操作:一人持棒,一人看电机,随时挪电机不得拖拉。

(3)操作人员穿绝缘鞋、戴绝缘手套。

(4)振捣器软轴弯曲半径不得小于 50 cm,并不得多于 2 个弯,操作时振捣棒自然垂直地沉入混凝土,不得用力硬插、斜推或使钢筋夹住棒头,也不得全部插入混凝土中。

(5)用完的振捣棒先断电,再盘好缆线,电机放在干燥处,防止受潮,造成电机烧毁现象。

十七、砂轮机安全操作规程

(1)砂轮机不准装倒顺开关,旋转方向禁止对着主要通道。

(2)工作托架必须安装牢固,托架平面要平整。

(3)操作时,应站在砂轮的侧面,不准两人同时使用一个砂轮。

(4)砂轮不圆、有裂纹和磨损剩余部分不足 25 cm 的不准使用。

(5)手提电动砂轮的电源线,不得有破皮漏电。使用时要戴绝缘手套,先启动,后接触工件。

十八、套丝切管机安全操作规程

(1)套丝切管机应安放在稳固的基础上。

(2)应先空载运转,进行检查、调整,确认运转正常,方可作业。

（3）应按加工管径选用板牙头和板牙，板牙应按顺序放入，作业时应采用润滑油润滑板牙。

（4）当工件伸出卡盘端面的长度过长时，后部应加装辅助托架，并调整好高度。

（5）切断作业时，不得在旋转手柄上加长力臂；切平管端时，不得进刀过快。

（6）当加工件的管径或椭圆度较大时，应两次进刀。

（7）作业中应采用刷子清除切屑，不得敲打震落。

十九、手持电动工具安全操作规程

（1）使用刃具的机具，应保持刃磨锋利，完好无损，安装正确，牢固可靠。

（2）使用砂轮的机具，应检查砂轮与接盘间的软垫，并安装稳固，螺帽不得过紧，凡受潮、变形、裂纹、破碎、磕边缺口或接触过油、碱类的砂轮均不得使用，并不得将受潮的砂轮片自行烘干使用。

（3）在潮湿地区或在金属构架、压力容器、管道等导电良好的场所作业时，必须使用双重绝缘或加强绝缘的电动工具。

（4）非金属壳体的电动机、电器，在存放和使用时不应受压受潮，并不得接触汽油等溶剂。

（5）作业前的检查应符合下列要求：

①外壳、手柄不出现裂缝、破损；

②电缆软线及插头等完好无损，开关动作正常，保护接零连接正确、牢固、可靠；

③各部防护罩齐全牢固，电气保护装置可靠。

（6）机具启动后，应空载运转，检查并确认机具联动灵活无阻，作业时，加力应平稳，不得用力过猛。

（7）严禁超载使用。作业中应注意音响及温升,发现异常应立即停机检查。在作业时间过长,机具温升超过 60 ℃时,应停机,自然冷却后再行作业。

（8）作业中,不得用手触摸刃具、模具和砂轮,发现其有磨钝、破损情况时,应立即停机整修或更换,然后再继续进行作业。

（9）机具转动时,不得撒手不管。

（10）使用冲击电钻或电锤时,应符合下列要求:

①作业时应掌握电钻或电锤手柄,打孔时先将钻头抵在工作表面,然后开动,用力适度,避免晃动;转速若急剧下降,应减少用力,防止电机过载,严禁用木杠加压。

②钻孔时,应注意避开混凝土中的钢筋。

③电钻和电锤为 40% 断续工作制,不得长时间连续使用。

④作业孔径在 25 mm 以上时,应有稳固的作业平台,周围应设护栏。

（11）使用瓷片切割机时应符合下列要求:

①作业时应防止杂物、泥尘混入电动机内,并应随时观察机壳温度,当机壳温度过高及产生炭刷火花时,应立即停机检查处理。

②切割过程中用力应均匀适当,推进刀片时不得用力过猛。当发生刀片卡死时,应立即停机,慢慢退出刀片,应在重新对正后方可再切割。

（12）使用角向磨光机时应符合下列要求:

①砂轮应选用增强纤维树脂型,其安全线速度不得小于 80 m/s。配用的电缆与插头应具有加强绝缘性能,并不得任意更换。

②磨削作业时,应使砂轮与工件面保持 15°～30° 的倾斜位置;切削作业时,砂轮不得倾斜,并不得横向摆动。

（13）使用电剪时应符合下列要求:

①作业前应先根据钢板厚度调节刀头间隙量。

②作业时不得用力过猛,当发现刀轴往复次数急剧下降时,应

立即减小推力。

（14）使用射钉枪时应符合下列要求：

①严禁用手掌推压射钉管和将枪口对准人；

②击发时，应将射钉枪垂直压紧在工作面上，当两次扣动扳机、子弹均不击发时，应保持原射击位置数秒钟后，再退出射钉弹；

③在更换零件或断开射钉枪之前，射枪内均不得装有射钉弹。

（15）使用拉铆枪时应符合下列要求：

①被铆接物体上的铆钉孔应与铆钉阀配合，并不得过盈量太大；

②铆接时铆钉轴未拉断时，可重复扣动扳机，直到拉断，不得强行扭断或撬断；

③作业中，接铆头子或并帽若有松动，应立即拧紧。

二十、抓斗司机安全操作规程

（1）操作人员必须了解设备的构造和性能，熟悉操作方法和保养要求，经训练和考试合格，持驾驶证操作，严禁酒后工作。

（2）工作前必须检查钢丝绳、滑轮、制动器、限位器、卷扬机等电气机械和安全装置是否齐全可靠。设备不准带病运转。

（3）操作时必须注意周围是否有人和障碍物。在抓斗回转半径范围内严禁人员逗留，听从专人指挥。

（4）钢丝绳在卷筒上要排列整齐，当抓斗下降到最低位置时，卷筒上的钢丝绳至少要保留3圈以上。

（5）钢丝绳不准有扭结现象，如磨损或断丝数超过规定时，应及时调换。

（6）当抓斗抓到固定物，或者被卡住时，严禁强行提升。

（7）夜间工作时，上下空间必须有足够的照明设备。

（8）工作完毕后，应将抓斗安置稳妥，关闭机械，锁上操作室门。

二十一、挖掘机司机安全操作规程

（1）仔细阅读与挖掘机相关的使用说明材料，熟悉所驾驶车辆的使用和保养状况。

（2）详细了解施工现场条件和任务情况，检查挖掘机停机处土壤坚实性和平稳性。在挖掘基坑、沟槽时，检查路堑和沟槽边坡稳定性。详细了解的内容包括填挖土的高度和深度、边坡及电线高度、地下电缆、各种管道、坑道、墓穴和各种障碍物的情况和位置。挖掘机进入现场后，司机应遵守施工现场的有关安全规则。

（3）严禁任何人员在作业区内停留，工作场地应便于自卸车出入。

（4）检查挖掘机液压系统、发动机、传动装置、制动装置、回转装置以及仪器、仪表，在经试运转并确认正常后才可以工作。

（5）操作开始前应发出信号。

（6）作业时，要注意选择和创造合理的工作面，严禁掏洞挖掘；严禁将挖掘机布置在两个挖掘面内同时作业；严禁在电线等高空架设物下作业。

（7）作业时，禁止随便调节发动机、调速器以及液压系统、电器系统；禁止用铲斗击碎或用回转机械方式破碎坚固物体；禁止用铲斗杆或铲斗油缸顶起挖掘机；禁止用挖掘机动臂拖拉位于侧面重物；禁止工作装置以突然下降的方式进行挖掘。

（8）铲斗挖掘时每次吃土不宜过深，提斗不要过猛，以免损坏机械或造成倾覆事故。铲斗下落时，注意不要冲击履带及车架。

（9）配合挖掘机作业，进行清底、平地、修坡的人员，须在挖掘机回转半径以内工作。若必须在挖掘机回转半径内工作时，挖掘机必须停止回转，并将回转机构刹住后，方可进行工作。同时，机上机下人员要彼此照顾、密切配合、确保安全。

（10）挖掘机装载活动范围内，不得停留车辆和行人。若往汽车上卸料时,应等汽车停稳,驾驶员离开驾驶室后,方可回转铲斗,向车上卸料。挖掘机回转时,应尽量避免铲斗从驾驶室顶部越过。卸料时,铲斗应尽量放低,但要注意不得碰撞汽车的任何部位。

(11)挖掘机回转时,应用回转离合器配合回转机构制动器平稳转动,禁止急剧回转和紧急制动。

(12)铲斗未离开地面前,不得做回转、行走等动作。铲斗满载悬空时,不得起落臂杆和行走。

(13)拉铲作业中,当拉满铲后,不得继续铲土,防止超载。拉铲挖沟、渠、基坑等项作业时,应根据深度、土质、坡度等情况与施工人员协商,确定机械离开坡的距离。

(14)反铲作业时,必须待臂杆停稳后再铲土,防止斗柄与臂杆沟槽两侧相互碰击。

(15)履带式挖掘机移动时,臂杆应放在行走的前进方向,铲斗距地面高度不超过 1 m,并将回转机构刹住。

(16)挖掘机不论是作业还是行走时,都不得靠近架空输电线路。如必须在高低压架空线路附近工作或通过时,机械与架空线路的安全距离,必须符合附表 1 所规定的距离。雷雨天气,严禁在架空高压线近旁或下面工作。

(17)液压挖掘机正常工作时,液压油温应在 50~80 ℃。机械使用前,若低于 20 ℃时,要进行预热运转;达到或超过 80 ℃时,应停机散热。

(18)在下坡行走时应低速、匀速行驶,禁止滑行和变速。

(19)挖掘机停放位置和行走路线应与路面、沟渠、基坑保持安全距离。

(20)挖掘机在斜坡停车,铲斗必须放到地面,所有操作杆置于中位。

(21)工作结束后,应将机身转正,将铲斗放到地面,并将所有操作杆置于空挡位置。各部位制动器制动,关好机械门窗后,驾驶员方可离开。

二十二、旋挖钻机安全操作规程

（1）工作平台相对平整，场地密实且钻机能够回转正常。

（2）开机前检查发动机、液压系统、钻具、钢丝绳等的性能、状况，冬季施工时，钻机必须预热发动机半小时以上，当温度达到规定值时方可施工。

（3）工作前先运转半小时，以保证各部分连接正确、油温正常。

（4）工作中必须时刻检查仪表显示状况，观察主钢丝绳工作状况，当有毛刺出现时，必须停机更换，避免出现掉钻头事故，工作时必须保证钻杆的垂直度，以免影响成孔质量，必须经常检查土质状况，不同土质使用与其相适应的钻具，以保证钻孔进度。对磨损的钻具必须进行及时修补。

（5）钻孔时必须先选好弃土位置，以不影响钻机回转为好，经常检查钻具状况，对磨损严重的钻齿必须及时更换，以免损坏钻具，降低工作效率。

（6）每工作五个小时必须加注一次润滑脂，同时检查机油、液压油、齿轮油油面，检查全车螺栓的松紧度，特别是钻桅上部钻杆连接处及钢丝绳连接处螺栓的松紧程度，工作中遇不正常响声时必须停机检查，以确保人机安全。

（7）钻机转移过程中必须保证钻桅放倒，且重心适当，同时道路足够宽，足够密实，倾斜度不允许超过规定值，以保证钻机安全，停工时必须把钻桅放倒，并进行全面的保养、注油工作，同时表面要有覆盖。

（8）钻机运输过程中必须把履带收回到最小 2 700 mm，工作中把履带伸出到 4 300 mm 的工作位置方可操作。

（9）钻孔桩施工中钻完的孔必须有覆盖且有明显标志，以保证人员的安全。

二十三、冲击式钻机安全操作规程

(一)钻机安装

(1)安装钻机的场地应平整、坚实。若在松软地层处安装钻机,应对地基进行处理,然后铺垫枕木,保证钻机在工作时的稳固性,以免钻机在钻进工作中发生局部下沉,影响钻孔精度。

(2)钻机安装时,必须保持机架水平。

(3)钻进就位确认安置正确后,在桅杆顶上先系上四根缆风绳,然后将桅杆竖起,桅杆竖起后,将下节桅杆固定好,再将上节桅杆拉出,并将上下节桅杆固定、安装好拉杆后,再将缆风绳系好。可用法兰螺丝调整缆风绳拉力,使桅杆立正,以免倾斜(开动主桅杆专用卷筒竖起桅杆时,动作要缓慢)。

(4)桅杆竖立起后,将桅杆底部的千斤顶旋出,以便载荷通过千斤顶传递到支座上。

(二)开动前检查

(1)检查钻机所有机构的正确性,并向全部润滑点和油嘴加注润滑油。

(2)松开所有摩擦离合器,并清除钻机上的无关杂物。

(3)检查电动机旋向,从皮带轮方向观察电机时,电动机的旋向应按顺时针方向旋转。

(4)各种安全防护装置齐全。

(5)空运转 3～5 min,待一切正常后方可开始钻进。

(三)操作者须知

(1)不要在不良的机况下进行工作。

(2)不要用打滑的摩擦离合器,防止摩擦片的磨损。

(3)将卷筒刹住后,再间断地松开,将钻头降落到井孔内,不要使其自由降落。经常检查钢丝绳损伤情况,如断丝超过 5%,应及时更换。钨金套应做拉力试验。钢丝绳与钻头连接的夹子数，应按等强度安装。

（4）在下降工作中，若钻具停住，不应悬在空中，而应将钻具提上以后，再重新下降。

（5）拧上钻具后，为检查接合处的螺纹连接情况，必须用凿子作检查标记线。

（6）钻具下降到井底以前，应检查钻头安装正确，钻具上应无裂纹等。

（7）为了避免机器过早磨损与损坏，在工作中不要采用重量比说明书内规定的还要大的钻具。

（8）为避免钻具被夹住，不工作时，不得将其停留在井底。

（9）工作时要注意拉杆的拉力是否正常，不要在拉杆松弛时进行工作，以防桅杆损坏。

（10）在用钢丝绳滑轮组中的两个滑轮进行工作时，为使桅杆负荷均匀，应使两边的滑轮受负荷，而中间的滑轮能自由活动。

（四）钻机操作时的安全技术

（1）钻孔工作地点应保持清洁。

（2）钻机安装及拆卸时，要保证正确和完整无缺。

（3）钻机的桅杆升降时，操作人员应站在安全的位置上进行。

（4）开动电动机时，应打开钻机所有的摩擦离合器。

（5）当钻机工作时，严禁去掉防护罩。

（6）工作开始前，应该检查制动装置的可靠性，以及摩擦离合器和启动装置的工作性能。

（7）电动机未停止前，禁止检查钻机。

（8）钻机工作时，严禁紧固钻机任何零件。

（9）当钻机运转时，严禁加油。桅杆上部润滑加油应在钻机停止时进行。

（10）电动机未停止前，不允许在桅杆上工作。

（11）无论什么情况下，当桅杆上有人工作时，桅杆下都不许停留其他人员。

（12）遇有恶劣天气，不许在桅杆上工作。

（13）严禁使用裂股的钢丝绳。

（14）钻具升降时，严禁用手摸钢丝绳。

（15）停止工作时，应把钻具从井内取出。

二十四、桥式、龙门式起重机安全操作规程

（1）开车前应认真检查机械设备、电气部分和防护保险装置是否完好、可靠。如果控制器、制动器、限位器、电铃、紧急开关等主要附件失灵，严禁吊重。

（2）必须听从信号员指挥，但对任何人发出的紧急停车信号，都应立即停车。

（3）司机必须在确认指挥信号后方能进行操作，开车前应先鸣铃。

（4）当接近卷扬限位器，大小车临近终端或与邻近行车相遇时，速度要缓慢。不准用倒车代替制动、限位器代替停车开关、紧急开关代替普通开关。

（5）应在规定的安全走道、专用站台或扶梯上行走和上下。大车轨道两侧除检修外不准行走，小车轨道上严禁行走。不准从一台起重机跨到另一台起重机。

（6）工作停歇时，不得将起重物悬在空中停留。运行中，地面有人或落放吊件时应鸣铃警告。严禁吊物在人头上越过。吊运物件离地不得过高。

（7）两台桥吊同时起吊一物件时，要听从指挥、步调一致。

（8）运行时，桥吊与桥吊之间要保持一定的距离。

（9）检修桥吊应靠在安全地点，切断电源，挂上"禁止合闸"的警示牌。地面要设围栏，并挂"禁止通行"的标志。

（10）重吨位物件起吊时,应先稍离地试吊,确认吊挂平稳,制动良好,然后升高,缓慢运行。不准同时操作三只控制手柄。

（11）桥吊运行时,严禁有人上下,也不准在运行时进行检修和调整。

（12）运行中发生突然停电,必须将开关手柄放置"0"位。起吊件未放下或锁具未脱钩,不准离开驾驶室。

（13）运行时由于突然故障而引起吊件下滑时,必须采取紧急措施,向无人处降落。

（14）露天桥吊遇有风暴、雷击或六级以上大风时应停止工作,切断电源,车轮前后应塞垫块卡牢。

（15）夜间作业应有充足的照明。

（16）龙门吊机除执行上述条款外,行驶时还应注意轨道上有无障碍物;吊运高大物件妨碍视线时,两旁应设专人监视和指挥。

（17）司机必须认真做到"十不吊"。

①超过额定负荷不吊;

②指挥信号不明、重量不明、光线暗淡不吊;

③吊绳和附件捆缚不牢、不符合安全规则不吊;

④桥吊吊挂重物直接进行加工的不吊;

⑤歪拉斜挂不吊;

⑥工件上站人或工件上放有活动物不吊;

⑦氧气瓶、乙炔发生器等具有爆炸性物品不吊;

⑧带棱角缺口未垫好不吊;

⑨埋在地下的物件不吊;

⑩液态或流体盛装过满不吊。

（18）工作完毕,桥吊应停在规定位置,升起吊钩,小车开到轨道两端,并将控制手柄放置"0"位,切断电源。

二十五、拼装式起重机安全操作规程

(1)起吊重物时,吊钩钢丝绳应保持垂直,不准斜拖被吊物体。

(2)所吊重物应找准重心,并捆扎牢固。有锐角的应用垫木垫好。

(3)在重物未吊离地面前,起重机不得做回转运动。

(4)提升或降下重物时,速度要均匀平稳,避免急剧变化,造成重物在空中摆动,发生危险。落下重物时,速度不宜过快,以免落地时摔坏重物。

(5)起重机在吊重情况下,尽量避免起落臂杆。必须在吊重情况下起落臂杆时,起重量不得超过规定重量的50%。

(6)起重机在吊重情况下回转时,应密切注意周围是否有障碍物,若有障碍物应设法避开或清除。

(7)起重机臂杆下不得有人员停留,并尽量避免人员通过。

(8)两台起重机在同一轨道上作业,两机间距离应大于3 m。

(9)两台起重机合吊一物体时,起重量不得超过两台总起重量的75%,两台起重机走行、吊放动作要一致。

(10)起重、变幅钢丝绳需每周检查一次,并做好记录,具体要求按起重钢丝绳有关规定执行。

(11)空车走行或回转时,吊钩要离地面2 m以上。

(12)风力超过六级时,应立即停止工作。悬臂吊应将臂杆转至顺风方向并适当落低,将吊钩挂牢。龙门吊须打好铁楔(止轨器),并将吊钩升至上限。同时关好门窗,切断电源,拉好缆风绳。平时工作完毕后也应照此办理。

(13)起重机平台上严禁堆放杂物,以防在运行中掉下伤人,经常用的工具应放在操作室内的专用工具箱内。

(14)运行中,不准突然变速或开倒车,以免引起重物在空中摆动,也不准同时开动两项以上(包括副钩)的操作机构。

(15)开车时,操作人员的手不得离开控制器,运行中突然发生故障时,应采取措施将重物安全降落,然后切断电源,进行修理。严禁在运行中检修保养。

起重机遇有下列情况之一者不得起吊:

(1)重物超过起重机额定起重量。

(2)重物重量不明。

(3)信号不明。

(4)重物捆扎不牢。

(5)露天作业遇六级(梁上五级)以上大风及大雨、大雾等恶劣气候。

(6)夜间作业照明不好。

(7)斜拉。

(8)钢丝绳严重磨损出现断股及有人在起重机上或机房内进行检修。

二十六、拼装式起重机(桅杆、龙门吊)安全操作规程

(1)拼装式起重机司机与信号员应有统一的信号。操作人员应从专用梯上、下操作室,合闸前应先把控制器转到零位。操作室内应垫木板或胶皮绝缘板。

(2)拼装式起重机工作前,应做好下列准备工作:

①检查钢结构部件连接是否牢固。

②检查卷扬机各转动部分润滑是否良好,刹车装置是否灵敏可靠。

③检查电器设备接线是否正确,绝缘是否良好。

④检查并试验各限位开关是否灵敏,照明设备是否齐全良好。

⑤检查脚手板、栏杆、扶梯是否合乎安全要求,轨钳(或锚固螺丝)是否紧固。

⑥三脚架两后支腿销子及卡板是否移动。

⑦机房及操作室内消防器材是否齐全有效。

(3)司机操作室必须设在视野良好的位置。

(4)起重机吊重、变幅、回转所用的卷扬机,必须满足卷扬机安全技术要求,行走用电机必须符合电动机的有关安全技术规定,起重机所用的钢丝绳必须满足有关安全技术要求。

(5)开车前检查轨道上、地面和运行范围内应无人或障碍物,并鸣铃示意。大车行走须有专人拉电缆,小车来回悬挂电缆须绝缘良好、滑动自如。起吊时,应先进行空运转,然后试吊,离地 100～150 mm,发现重物捆缚不正确时,应重新进行捆缚。

二十七、皮带输送机安全操作规程

(1)固定式皮带输送机应按规定的安装方法安装在固定的基础上。移动式皮带输送机正式运行前应将轮子用三角木楔住或用制动器刹住,以免工作中发生走动。有多台输送机平行作业时,机与机之间、机与墙之间应有 1 m 的通道。

(2)皮带输送机使用前须检查各运转部分、胶带搭扣和承载装置是否正常,防护设备是否齐全。胶带的张紧度须在启动前调整到合适的程度。

(3)皮带输送机应空载启动,等运转正常后方可入料。禁止先入料后开车。

(4)有数台皮带输送机串联运行时,应从卸料端开始,顺序启动。全部正常运转后,方可入料。

(5)运行中出现胶带跑偏现象时,应停车调整,不得勉强使用,以免磨损边缘和增加负荷。

(6)工作环境及被送物料温度不得高于 50 ℃和低于 -10 ℃。不得输送具有酸碱性油类和有机溶剂成分的物料。

(7)输送带上禁止行人或乘人。

（8）停车前必须先停止入料,等皮带上存料卸尽方可停车。

（9）输送机电动机必须绝缘良好。移动式输送机电缆不要乱拉和拖动。电动机要可靠接地。

（10）皮带打滑时严禁用手去拉动皮带,以免发生事故。

二十八、空气压缩机安全操作规程

（1）开车前应做好如下准备工作:

①保持油池中润滑油在标尺范围内,并确保注油器内的油量不应低于刻度线值。油尺及注油器所用润滑油的牌号应符合产品说明书的规定。

②检查各运动部位是否灵活,各连接部位是否紧固,润滑系统是否正常,电机及电器控制设备是否安全可靠。

③检查防护装置及安全附件是否完好齐全。

④检查排气管路是否畅通。

⑤接通水源,打开各进水阀,使冷却水畅通。

（2）长期停用后首次启动前,必须盘车检查,注意有无撞击、卡住或响声异常等现象。新装机械必须按说明书规定进行试车。

（3）机械必须在无载荷状态下启动,待空载运转情况正常后,再逐步使空气压缩机进入负荷运转。

（4）正常运转后,应经常注意各种仪表读数,并随时予以调整,主要数据范围如下:

①润滑油压力应在 $0.1 \sim 0.3$ MPa,任何情况下不得低于 0.1 MPa。

②Ⅰ级排气压力为 $0.18 \sim 0.2$ MPa,不得低于 0.16 MPa;Ⅱ级排气压力为 0.8 MPa,不得超过 0.84 MPa。高压空气压缩机排气不得超过说明书规定值。

③风冷空气压缩机排气温度低于 180 ℃,水冷应低于 160 ℃。

④机体内油温不得超过 60 ℃。

⑤冷却水流量应均匀,不得有间歇性流动或冒气泡现象。冷却水温度应低于 40 ℃。

(5)工作中还应检查下列情况:

①电动机温度是否正常,各电表读数是否在规定的范围内。

②各机件运行声音是否正常。

③吸气阀盖是否发热,阀的声音是否正常。

④各种安全防护设备是否可靠。

(6)每工作 2 小时,需将油水分离器、中间冷却器、后冷却器内的油水排放一次,储风桶内油水每班排放一次。

(7)空气压缩机在运转中发现下列情况时,应立即停车,查明原因,并予以排除:

①润滑油中断或冷却水中断。

②水温突然升高或下降。

③排气压力突然升高,安全阀失灵。

④负荷突然超出正常值。

⑤机械响声异常。

⑥电动机或电器设备等出现异常。

(8)正常停车时应先卸去负荷然后关闭发动机。

(9)停车后关闭冷却水进水阀门。冬季低温时须放尽气缸套、各级冷却器、油水分离器以及储风筒内的存水,以免发生冻裂事故。

(10)如因电源中断停车,应使电动机恢复启动位置,以防恢复供电后,由于启动控制器无动作而造成事故。

(11)以电动机为动力的空气压缩机,其电动机部分的操作须遵照电动机的有关规定执行。

(12)以内燃机为动力的空气压缩机,其动力部分的操作须遵照内燃机的有关规定执行。

(13)空气压缩机停车 10 日以上时,应向各摩擦面注以充分的润滑油。停车 1 个月以上作长期封存时,除放出各处油水,拆除所有进、排气阀并吹干净外,还应擦净气缸镜面、活塞顶面、曲轴表面以及所有非配合表面,并进行油封,油封后用盖盖好,以防潮气、灰尘侵入。

(14)移动式空气压缩机在每次拖行前,应仔细检查行走装置是否完好、紧固。拖行速度一般不超过 20 km/h。

(15)空气压缩机所设储风筒及安全阀、压力表等安全附件必须符合铁道部有关压缩空气储气筒安全技术的要求。

(16)空气压缩机的空气滤清器须经常清洗,保持畅通,以减少不必要的动力损失。

(17)空气压缩机若用于喷砂除锈等灰尘较大的工作,应使机械与喷砂场地保持一定距离,并应采取相应的防尘措施。

二十九、发电机安全操作规程

(1)以柴油机为动力的发电机,其发动机部分的操作按内燃机的有关规定执行。

(2)发电机启动前必须认真检查各部分接线是否正确,各连结部分是否牢靠,电刷是否正常,压力是否符合要求,接地线是否良好。

(3)启动前将励磁变阻器的阻值放在最大位置上,断开输出开关,有离合器的发电机组应脱开离合器。先将柴油机空载启动,运转平稳后再启动发电机。

(4)发电机开始运转后,应随时注意有无机械杂音、异常振动等情况。确认情况正常后,调整发电机至额定转速,电压调到额定值,然后合上输出开关,向外供电。负荷应逐步增大,力求三相平衡。

(5)发电机并联运行必须满足频率相同、电压相同、相位相同、相序相同的条件才能进行。

（6）准备并联运行的发电机必须都已进入正常稳定运转。

（7）接到"准备并联"的信号后，以整部装置为准，调整柴油机转速，在同步瞬间合闸。

（8）并联运行的发电机应合理调整负荷，均衡分配各发电机的有功功率及无功功率。有功功率通过柴油机油门来调节，无功功率通过励磁来调节。

（9）运行中的发电机应密切注意发动机声音，观察各种仪表指示是否在正常范围之内。检查运转部分是否正常，发电机温升是否过高，并做好运行记录。

（10）停车时，先减负荷，将励磁变阻器回复，使电压降到最小值，然后按顺序切断开关，最后停止柴油机运转。

（11）并联运行的柴油机如因负荷下降而需停车1台，应先将需要停车的1台发电机的负荷全部转移到继续运转的发电机上，然后按单台发电机停车的方法进行停车。如需全部停车，则先将负荷切断，然后按单台发电机停机办理。

（12）移动式发电机，使用前必须将底架停放在平稳的基础上，运转时不准移动。

（13）发电机在运转时，即使未加励磁，亦应认为带有电压。禁止在旋转着的发电机引出线上工作及用手触及转子或进行清扫。运转中的发电机不得使用帆布等物遮盖。

（14）发电机经检修后必须仔细检查转子及定子槽间有无工具、材料及其他杂物，以免运转时损坏发电机。

（15）机房内一切电器设备必须可靠接地。

（16）机房内禁止堆放杂物和易燃易爆物品，除值班人员外，未经许可禁止其他人员进入。

（17）房内应设有必要的消防器材，发生火灾事故时应立即停止送电，关闭发电机，并用二氧化碳或四氯化碳灭火器扑救。

三十、变压器安全操作规程

（1）运行电力变压器必须符合《变压器运行规程》中规定的各项技术要求。

（2）新装或检修后的变压器投入运行前应作下列检查：

①核对铭牌，查看铭牌电压等级与线路电压等级是否相符。

②变压器绝缘是否合格，检查时用 1 000 V 或 2 500 V 摇表，测定时间不少于 1 min，表针稳定为止。绝缘电阻每千伏不低于 1 MΩ，测定顺序为高压对地，低压对地，高低压闸。

③油箱有无漏油和渗油现象，油面是否在油标所指示的范围内，油表是否畅通，呼吸孔是否通气，呼吸器内硅胶是否呈蓝色。

④分接头开关位置是否正确，接触是否良好。

⑤瓷套管是否清洁，有无松动。

（3）电力变压器应定期进行外部检查。经常有人值班的变电所内的变压器每天至少检查一次，每周应有一次夜间检查。

（4）无人值班的变压器，其容量在 3 200 kVA 以上者每 10 天至少检查一次，并在每次投入使用前和停用后进行检查。容量大于 320 kVA，但小于 3 200 kVA 者，每月至少检查一次，并应在每次投入使用前和停用后进行检查。

（5）大修后或所装变压器开始运行的 48 小时内，每班要进行两次检查。

（6）变压器在异常情况下运行时（如油温高、声音不正常、漏油等）应加强监视，增加检查次数。

（7）运行变压器应巡视和检查如下项目：

①声音是否正常，正常运行有均匀的"嗡嗡"声。

②上层油温不宜超过 85 ℃。

③有无渗、漏油现象，油色及油位指示是否正常。

④套管是否清洁，有无破损、裂纹、放电痕迹及其他现象。

⑤防爆管膜有无破裂、漏油。

⑥瓦斯继电器窗内油面是否正常,有无瓦斯气体。

(8)变压器的允许动作方式如下:

①运行中上层油温不宜经常超过85 ℃,最高不得超过95 ℃。

②加在电压分接头上的电压不得超过额定值的5%。

③变压器可以在正常过负荷和事故过负荷情况下运行,正常过负荷可以经常使用,其允许值根据变压器的负荷曲线、冷却介质的温度以及过负荷前变压器所带的负荷,由单位主管技术人员确定。在事故情况下,许可过负荷30%运行两小时,但上层油温不得超过85 ℃。

(9)变压器可以并列运行,但必须满足下列条件:

①线圈接线组别相同。

②电压比相等,误差不超过0.5%。

③短路电压相等,误差不超出10%。

④变压器容量比不大于3∶1。

⑤相序相同。

(10)变压器第一次并联前必须做好相序校验。

(11)不带有载调压装置的变压器不允许带电倒分接头。320 kVA以上的变压器在分接头倒换前后,应测量直流电阻,检查回路的完整性和三相电阻的均一性。

(12)变压器投入或退出运行须遵守以下程序:

①高低压侧都有油开关和隔离开关的变压器投入运行时,应先投入变压器两侧的所有隔离开关,然后投入高压侧的油开关,向变压器充电,再投入低压侧油开关向低压母线充电。停电时顺序相反。

②低压侧无油开关的变压器投入运行时,先投入高压油开关一侧的隔离开关,然后投入高压侧的油开关,向变压器充电,再投入低压侧的刀闸、空气开关等向低压母线供电。停电时顺序相反。

（13）变压器运行中发现下列异常现象后,应立即报告领导,并准备投入备用变压器:

①上层油温超过 85 ℃。

②外壳漏油,油面变化,油位下降。

③套管发生裂纹,有放电现象。

（14）变压器有下列情况时,应立即联系停电处理:

①变压器内部响声很大,有放电声。

②变压器的温度剧烈上升。

③漏油严重,油面下降很快。

（15）变压器发生下列严重事故,应立即停电处理:

①变压器防爆管喷油、喷火,变压器本身起火。

②变压器套管爆裂。

③变压器本体铁壳破裂,大量向外喷油。

（16）变压器着火时,应首先打开放油门,将油放入油池,同时用二氧化碳、四氯化碳灭火器进行灭火。变压器及周围电源全部切断后用泡沫灭火机灭火,禁止用水灭火。

（17）出现轻瓦斯信号时应对变压器检查。如由于油位降低,油枕无油时应加油。如瓦斯继电器内有气体,应观察气体颜色及时上报,并作相应处理。

（18）运行变压器和备用变压器内的油,应按规定进行耐压试验和简化试验。

（19）备用变压器必须保持良好,准备随时投入运行。